全民科普 创新中国

机器人飞天大战

冯化太◎主编

汕头大学出版社

图书在版编目（CIP）数据

机器人飞天大战 / 冯化太主编. -- 汕头 ： 汕头大学出版社，2018.8

ISBN 978-7-5658-3708-1

Ⅰ. ①机… Ⅱ. ①冯… Ⅲ. ①无人驾驶飞机－青少年读物 Ⅳ. ①V279-49

中国版本图书馆CIP数据核字 (2018) 第163912号

机器人飞天大战　　JIQIREN FEITIAN DAZHAN

主　　编：冯化太

责任编辑：汪艳蕾

责任技编：黄东生

封面设计：大华文苑

出版发行：汕头大学出版社

　　　　　广东省汕头市大学路243号汕头大学校园内　邮政编码：515063

电　　话：0754-82904613

印　　刷：北京一鑫印务有限责任公司

开　　本：690mm×960mm　1/16

印　　张：10

字　　数：126千字

版　　次：2018年8月第1版

印　　次：2018年9月第1次印刷

定　　价：35.80元

ISBN 978-7-5658-3708-1

前言
PREFACE

习近平总书记曾指出："科技创新、科学普及是实现创新发展的两翼，要把科学普及放在与科技创新同等重要的位置。没有全民科学素质普遍提高，就难以建立起宏大的高素质创新大军，难以实现科技成果快速转化。"

科学是人类进步的第一推动力，而科学知识的学习则是实现这一推动的必由之路。特别是科学素质决定着人们的思维和行为方式，既是我国实施创新驱动发展战略的重要基础，也是持续提高我国综合国力和实现中华复兴的必要条件。

党的十九大报告指出，我国经济已由高速增长阶段转向高质量发展阶段。在这一大背景下，提升广大人民群众的科学素质、创新本领尤为重要，需要全社会的共同努力。所以，广大人民群众科学素质的提升不仅仅关乎科技创新和经济发展，更是涉及公民精神文化追求的大问题。

科学普及是实现万众创新的基础，基础更宽广更牢固，创新才能具有无限的美好前景。特别是对广大青少年大力加强科学教育，使他们获得科学思想、科学精神、科学态度以及科学方法的熏陶和培养，让他们热爱科学、崇尚科学，自觉投身科学，实现科技创新的接力和传承，是现在科学普及的当务之急。

近年来，虽然我国广大人民群众的科学素质总体水平大有提高，但发展依然不平衡，与世界发达国家相比差距依然较大，这已经成为制约发展的瓶颈之一。为此，我国制定了《全民科学素质行动计划纲要实施方案（2016—2020年）》，要求广大人民群众具备科学素质的比例要超过10%。所以，在提升人民群众科学素质方面，我们还任重道远。

我国已经进入"两个一百年"奋斗目标的历史交汇期，在全面建设社会主义现代化国家的新征程中，需要科学技术来引航。因此，广大人民群众希望拥有更多的科普作品来传播科学知识、传授科学方法和弘扬科学精神，用以营造浓厚的科学文化气氛，让科学普及和科技创新比翼齐飞。

为此，在有关专家和部门指导下，我们特别编辑了这套科普作品。主要针对广大读者的好奇和探索心理，全面介绍了自然世界存在的各种奥秘未解现象和最新探索发现，以及现代最新科技成果、科技发展等内容，具有很强的科学性、前沿性和可读性，能够启迪思考、增加知识和开阔视野，能够激发广大读者关心自然和热爱科学，以及增强探索发现和开拓创新的精神，是全民科普阅读的良师益友。

目 录
CONTENTS

侦察机的历史沿革

　　飞机最早是作为侦察工具进入军队的，侦察机可以说是最为古老的机种，可以多种方式地执行侦察任务。无论战争时期还是和平时期，侦察机都在各条战线上无孔不入地收集着信息。

　　侦察机是专门用于从空中获取情报的军用飞机，是现代战

争中的主要侦察工具之一。在飞机诞生后，军队刚刚装备了飞机，人们想到的飞机在战争中第一个用途便是侦察敌情。

第一次试验侦察飞行

那是1910年6月9日，法国陆军的玛尔科奈大尉和弗坎中尉驾驶着一架亨利·法尔曼双翼机进行了世界上第一次试验性的侦察飞行。这架飞机原本是单座飞机，弗坎中尉钻到了驾驶座和发动机之间，手拿照相机对地面的道路、铁路、城镇和农田进行了拍照。

可以说，从这一天起，最早的侦察机就诞生了。第一次世界大战的侦察飞行，发生在1910年10月爆发的意大利与土耳其的战争中。10月23日，意大利皮亚查上尉驾驶着一架法国制造的布莱里奥X1型飞机，从利比亚的黎波里空军基地起飞，对土耳其军队的阵地进行了肉眼和照相侦察。后来，意大利军方又进行了多次侦察飞行，并根据结果编绘了照片地图册。

第一次世界大战爆发后，欧洲各交战国都很重视侦察机的应用。在大战初期，德军进攻处于优势，直插巴黎。1914年9月3日，法军的一架侦察机发现了德军的右翼缺少掩护，于是，法国根据飞机侦察到的情报趁机反击，发动了意义重大的马恩河战役，由此终于遏止了德军的攻势，扭转了战局。

在第二次世界大战中，侦察机得到了更广泛的应用，出现了可以进行垂直照相、倾斜照相的高空航空照相机和雷达侦察设备。大战末期还出现了电子侦察机。

在20世纪50年代，侦察机的性能明显提高，飞行速度超过了声速，还出现了专门研制的战略侦察机，比如美国的U-2。

侦察机的广泛应用

从20世纪60年代开始，侦察机逐渐受到世界各国的重视，研制出了飞行速度达声速的3倍、飞行高度接近3万米的所谓

"双3"高空高速战略侦察机，比如美国的SR-71和苏联的米格-25。在这个时期，无人侦察机也开始得到了广泛使用。

侦察机一般不携带武器，主要依靠其高速性能和加装电子对抗装备来提高生存能力。它通常装有航空照相机、前视或侧视雷达和电视、红外线侦察设备等，有的还装有实时情报处理和传递装置，以及比较先进的合成孔径雷达。

侦察机的侦察设备装在机舱内或外挂的吊舱内，可以进行目视侦察、成像侦察和电子侦察。成像侦察是侦察机实施侦察的重要方法，这包括可见光照相、红外照相与成像、雷达成像、微波成像和电视成像等。

拓展阅读

2011年3月10日，在云南盈江地震灾情发生后，装载有低空无人机航摄系统的测绘应急车连夜赶赴至盈江县，并实施了无人飞机航拍任务。

第二天上午，第一架无人飞机于9：00在盈江县城顺利起飞，对灾区全境进行了长达50分钟的航空摄影，成功获取了首批1000多张盈江灾区震后20平方千米、0.1米的高分辨率航空影像。下午，无人飞机再次起飞，成功收集了第二批航空影像数据，并在第一时间传回了北京，这对实施救援工作起了很大作用。

无人侦察机的种类

战略型无人侦察机比战术型无人侦察机发展得要晚，仍在不断完善和提高中。无人侦察机可以分为长航时无人机、中程无人侦察机、短程和近程无人侦察机四类。

长航时无人机

长航时无人机是一种飞行时间比较长，并能够昼夜持续执行空中探测和其他任务的无人机。世界高空型长航时无人机的飞行高度一般在1.8万米以上，续航时间不小于24个小时。而中空型长航时无人机通常飞行高度在几千米，续航时间不小于

12个小时。因为这类无人机的续航时间长，所以常被称为"大气层人造卫星"。它们已经成为无人战略侦察机的主要发展趋势，也是未来战争侦察卫星、有人战略侦察机的重要补充和增强手段。

美国是世界上最早研制长航时无人机的国家。早在20世纪70年代初，美国就开始研制YQM-98A和YQM-94AB-GULL高空型长航时无人机和L450F、845A型中空型长航时无人机。

美国一直在发展这类无人机，后来至少研制了25种长航时无人机。为了提高无人机的飞行时间和飞行高度，美国除了研制涡轮增压活塞发动机、转子发动机和涡轮风扇发动机为动力的长航时无人机之外，还在研制太阳能动力平台。

例如，美国在20世纪80年代研制的SOLARHAPP和"探路者"就已经取得了不错的成果。如果太阳能动力平台研制成功，将使高空型长航时无人机的飞行时间由几十个小时增加到

几个月，甚至一年，飞行高度则会由1.8万米增加到2.5万米，甚至3万米。

20世纪90年代，美国开始研制"蒂尔"系列、"掠夺者"和"暗星"等新型无人机。其中，"蒂尔2+"是高空长航时无人机，以1台涡轮风扇发动机为动力，飞行高度2万米，续航时间30小时。

为了提高无人机的生存能力，机上一般装有自我保护装备，包括干扰机、诱饵和雷达警戒接收机，且可以携带3到4个拖曳式诱饵。干扰机能够在两个频段上工作，既可以对付敌方低频雷达和导弹，又可以对付像俄制SA-10和SA-12那样的新型武器。

"掠夺者"是中空型长航时无人机，以1台80马力活塞发动机为动力，飞行高度可达7600米，续航时间24小时。机上装有电视与红外摄像设备、合成孔径雷达等，在4500米以上高度

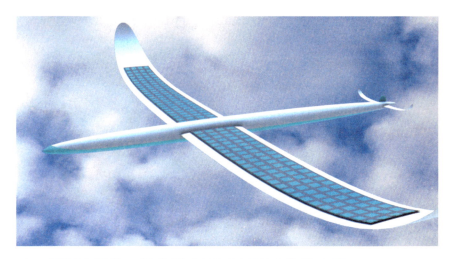

时，探测目标的一维分辨率可以达到0.3米的水平。

"暗星"是美国秘密研制的隐身无人侦察机，它是翼身融合体外形，大展弦比机翼采用全复合材料、全胶接新工艺。机体下面涂有黑色涂料，机身内装有1台FJ-44涡轮风扇发动机，机头上方为发动机进气口。该机具有良好的隐身性能，飞行高度可以达到1.4万米，续航时间8到10小时。

除了美国之外，加拿大和以色列等国家也很重视发展长航时无人机。加拿大通信研究中心于20世纪80年代开始研制微波能动力平台SHARP无人机，该机下面装有5万根印刷电路天线，用以接收来自地面抛物面天线发射的微波能，并把微波能转变为电能供给机载电动机，续航时间为6至12个月。以色列则于20世纪90年代研制了"狩猎者""苍鹭"和"探索者"等中空型长航时无人机。

中程无人侦察机

这种无人机通常活动半径在700至1000千米之间，飞行速度多为高亚音速或超音速，主要用于大面积的快速可见光照相侦察或红外与电视摄像侦察，并实时传输。

中程无人侦察机分为高空型和中低空型两种。高空型中程无人侦察机已经发展到升限3万米以上且飞行速度达到了3马赫以上的水平。例如，美国洛克希德公司研制的D-21／CID-21B最大升限为3万多米，最大水平速度为4马赫。美国还研制了一种称为U-2高空飞机的第三代间谍飞机，它是三角翼的外形，以冲压发动机为动力，飞行速度大于3马赫。

美国一方面继续在发展超高度高超音速中程无人侦察机，另一方面也在发展具有超低空飞行性能的中低空中程无人侦察机。例如，特里达因·瑞安航空公司研制的324型"金龟子"和350型，就是一种小展弦比机翼的高亚音速中程无人机，飞行高度为3.05米至13720米，具有较强的突防和生存能力。

短程和近程无人侦察机

这两种无人侦察机都是作战半径不大的小型战术无人机。

短程无人侦察机的作战半径在150至350千米，近程无人侦察机的作战半径通常为几十千米，主要用于战场侦察与监视、目标搜索与定位，以及战果评估等。

在世界无人侦察机中，这两种无人机占有相当大的比例。例如，美国的"勇士""苍鹰""雌狐""密码""天眼""天球"和FQM-151A"短毛猎犬"，英国的"不死鸟""火鸟"和"大鸦"，法国的"玛尔特"和"狐狸"，以色列的"侦察兵"和"先锋"，加拿大的CL-289和CL-227"哨兵"。

此外，还有一种供营、连、排使用且成本极低的小型无人机备受各国青睐。这种无人机便于携带和操作运用，能够在很小的场地上起落，可以用于观察山后或路面上的伏击部队，也可以作为前线观察哨和装甲车的空中侦察系统。例如，"短毛猎犬"无人机就是一种单兵携带发射式无人机，其最大发射重量3.6千克，单价只有5000美元，曾经在海湾战争中亮相。

拓 展 阅 读

在2002年3月，美国空军正式组建第一个武装型"掠食者"无人机中队。该部队装备了20架武装型"掠食者"，与第11、第15侦察中队一起进驻内华达州的印第安纳·斯普林备用机场，并在三年后达到了全部作战能力。

侦察机中的明星

"黑鸟"高空侦察机

SR-71"黑鸟"是美国空军的高空高速侦察机，飞行高度可以达到3万米，最大速度为3.5倍音速，这被称之为"双三"性能。因此，"黑鸟"比一般的战斗机和防空导弹都要飞得高、飞得快，出入敌国领空如入无人之境。

"黑鸟"在枪林弹雨中不会受到任何实质性威胁。它曾经

在以色列上空侦察核设施时，以色列的F-4战斗机向它发射了AIM-9"响尾蛇"空空导弹，但是导弹竟然没有追上它。

"黑鸟"是第一种成功突破热障的实用型喷气式飞机。热障是指飞行器速度快到一定程度时会与空气摩擦产生大量热量，从而威胁到飞行器结构安全的问题。为此，它的机身采用了低重量、高强度的钛合金作为结构材料。

"黑鸟"机翼等重要部位采用能够适应受热膨胀的设计，因为在高速飞行时，它的机体长度会因为热胀伸长30多厘米。它的油箱管道也设计巧妙，采用了弹性的箱体，并利用油料的流动来带走高温部位的热量。只是，当它降落地面后，油箱还是会因为热胀冷缩的作用而发生一定程度的泄漏。实际上，它通常只带少量油料起飞，在爬升到巡航高度后再进行空中加油。

　　"黑鸟"上装有先进的电子和光学侦察设备，在一小时内能够完成对面积达32.4万平方千米区域的光学摄影侦察任务。形象地说，它只需要6分钟就可以拍摄完整个意大利的高清晰度照片。

"掠食者"无人侦察机

　　"掠食者"是美国用于为战区指挥官及合成部队指挥官进行决策、提供情报支持的中空长航无人侦察机，它是作为"高级概念技术验证"从1994年1月到1996年6月发展起来的，首飞于1994年，并在当年就具备了实战能力。

　　"掠食者"机长576米，翼展14.85米，最大活动半径3700千米，最大飞行时速240千米，可以在目标上空滞留24小时，最大续航时间为60小时。该机装有光电红外侦察设备、GPS导航设备和具有全天候侦察能力的合成孔径雷达。

　　"掠食者"在几千米的高处时，分辨率为0.3米，对目标定位精度可以达到0.25米，并能进行软式着陆或降落伞紧急回收任务。在科索沃战争中，美国就动用了两架这种无人机，用于小区域或山谷地区的侦察监视工作。

　　一个典型的掠食者系统包括四架无人机，一个地面控制系统和一个"特洛伊精神II"数据分送系统。掠食者无人机装备了UHF和VHF无线电台，以及作用距离270千米的C波段视距内数据链。机上用于监视侦察的有效载荷为204千克，机上的两色DLTV光学摄影机采用了955毫米可变焦镜头。其高分辨率的前视红外系统有6个可调焦距，最小为19毫米，最大为560毫米。

　　美国加利福尼亚州圣地亚哥的诺斯罗普·格鲁门公司的合成孔径雷达，为"掠食者"提供了全天候监视能力。而其他可选的载荷能够根据具体任务进行调整，比如激光指示和测距装置、电子对抗装置和运动目标指示器等。

以色列"苍鹭"无人机

以色列装备的无人机主要有"侦察兵""猎犬""搜索者"和"苍鹭"。其中，"苍鹭"是以色列飞机工业公司马拉特子公司研制的大型高空战略长航时无人机。

苍鹭无人机翼展16.6米，机长8.5米，最大起飞重量372千克，任务设备重量63千克，巡航时速102千米，实用升限4876米，最大航程250千米。该机主要用于实时监视、电子侦察和干扰、通信中继和海上巡逻等任务，它可以携带光电/红外雷达等侦察设备进行搜索、探测和识别，进行电子战和海上作战任务。

其设计特点是采用了复合材料结构、整体油箱机翼、先进的气动力设计、可收放式起落架、大型机舱、电源系统功率大和传感器视野好等。该机动力装置采用四冲程活塞发动机，在7620米的高度以每小时50千米的速度巡逻时，其续航时间为36

小时，在4570米高度巡逻时的续航时间则为52小时。

"苍鹭"装有大型监视雷达，可以同时跟踪32个目标，采用轮式起飞和着陆方式。这种无人机具有典型的预警机的特点，代表了无人侦察机的一种发展方向。另外，以色列还研制了攻击类无人机，如"哈比"反辐射无人机，它主要用来对付敌方的地面警戒，引导雷达和地空导弹，以及高炮的火控雷达。

俄罗斯"熊蜂"无人机

俄罗斯早就装备了图-243、图-141、图-300和"熊蜂"等无人机。其中，"熊蜂"无人机实际上是一种小型遥控无人驾驶飞行器，其使命是利用机载可变焦电视摄像机和可昼夜观测的红外照相机，对作战部队的战术纵深实施侦察。

该机采用带推进式螺旋桨的常规气动布局，可以变后掠翼，飞行速度为每小时110~180千米，飞行高度为1000~3000米。机上装有可以保障软着陆的机械减震装置，由一体化发射控制站负责发射前的自动检测、发射、无人机的遥控和信号接收等，并通过电视监视器实时显示。

这样，操作人员可以从电视屏幕上看到"熊蜂"无人机侦察到的地面图像、无人机所在航线和其所处位置的坐标。它的一个重要特点是生存能力强，防空兵器很难打到它。只有在准确掌握其航线的情况下，用密集炮火才能将其摧毁。车臣战争期间，在巴姆特和维杰诺村及其他地区的作战中，俄罗斯空降兵就曾经成功使用了"熊蜂-1"型无人机，大大减少了人员伤亡。

这种无人机体积小，战场生存能力较强，但是续航时间只有两小时。而它的无线电通信距离较近，决定了其活动半径只有60千米，这也显得有些欠缺。不过，熊蜂无人机的成功研

制，说明俄罗斯的小型无人机技术在当时已经趋于成熟。

英国"不死鸟"无人机

英国马可尼公司研制的"不死鸟"中程无人机在编入陆军皇家炮兵第32团和第39团服役时，它的最大使用高度为2440米，侦察半径60千米。根据合同，英国陆军接收了大约8个地面控制站和50架"不死鸟"无人机。

这两个团都装备有AS90155毫米自行榴弹炮，不死鸟无人机为他们提供侦察照片和数据。马可尼公司为"不死鸟"安装的是可以昼夜照相的红外探测设备，但是这种单一的探测系统影响了其侦察能力。因此，英国于是提升了它的战场生存能力和有效载荷，以增加合成孔径雷达、激光照射系统、声频探测系统和化学探测系统。

美国"全球鹰"无人机

"全球鹰"又名"蒂尔Ⅱ"，它是21世纪初美军远程无人

机的中坚力量，是一种适用于在低等至中等威胁环境下执行
侦察任务的远程长航时无人机。该无人机重3500千克，机长14
米，翼展35米，留空时间42小时，最大不加油航程为2.25万千
米，能够在2万米的高度进行昼夜侦察。

　　"全球鹰"无人机装备有综合孔径雷达、红外和电子光学
传感器，它在搜索模式时的分辨率为0.9米，定点分辨侦察能
力为0.3米。它每秒能够传回50兆位数据，可以接近实时地向
地面站发送视频图像，也可以将综合孔径雷达数据直接发往前
线地面部队。

　　"全球鹰"无人机用于执行远程和长时间的任务，包括连
续在大面积地区侦察机动导弹发射架，通过卫星与地面站进行
联络，使远离前线的司令部能够指挥作战。同时，它在侦察期

间也能够进行规避机动，并利用雷达干扰机实施干扰和进行电子欺骗。

中国ASN-206无人机

ASN-206是一款中短程多用途无人驾驶飞机，由中国西北工业大学西安爱生技术集团于1994年研制完成。ASN-206无人机比较先进，尤其是它强大的实时视频侦察系统，为中国人民解放军的情报侦察提供了有力支持。

在1987年，中国决定自行研制更加先进的无人机系统，也

就是ASN-206无人机系统。这个无人机系统最初的设计定位，是具有国际先进水平的新型无人机系统，涉及机械、电子和光学等多个学科和领域。

由于国家对ASN-206的指标要求很高，国内又缺乏研制经验，而且国外也进行了技术封锁，所以研制难度非常大。如同北航无人侦察机-5的研制一样，科研人员在极其困难的条件下，最大限度地发挥了人的主观能动性，以总设计师张玉琢为代表的一大批专家凭着一股子知难而上的拼命劲头，披星戴月地昼夜工作。

从1987年到1994年的7年时间里，从系统的总体设计，到分系统的设计与试制，以及飞行试验等方面，他们攻克了一个又一个技术难关。功夫不负有心人，ASN-206无人机终于在1994年12月研制成功了，并且开始投入生产。1996年，ASN-206无人机在珠海国际航展上亮相。

ASN-206系统配套完整，功能比较齐全，设计也考虑了野外条件。整个系统包括6到10架飞机和1套地面站，地面站由指挥车、机动控制车、发射车、电源车、情报车、维修车和运输车等组成。

在军事上，ASN-206无人机可以用于昼夜空中侦察、战场监视、侦察目标定位、校正火炮射击、战场毁伤评估和边境巡逻等。而它的民用用途包括航空摄影、地球物理探矿、灾情监测和海岸缉私等领域。

ASN-206无人机机长3.8米，翼展6米，最大平飞速度为每小时210千米。它的实用升限是6000米，最大起飞重量是222千克，设备重量是50千克。在它的机身后部、尾撑之间，装有1台HS-700型四缸二冲程活塞式发动机，功率为37.3千瓦。它的巡航时间为4~8小时，航程为150千米。

ASN-206利用固体火箭助推起飞，可以零长发射，可以伞降回收和多次使用，并不需要专用的起降跑道。而且，它的结构形式采用后推式双尾撑。这样布局的好处，是后置发动机驱动的螺旋桨不会遮挡侦察装置的视线。

ASN-206的侦察监视设备包括垂直相机、全景相机、红外探测设备、电视摄像机和定位校射设备等。更重要的是，它装配有数字式飞机控制与管理系统、综合无线电系统和先进的任务控制设备。

有了这些系统装配，ASN-206无人机就可以在纵深范围内昼夜执行作战任务了。它的侦察情报信息，尤其是白光/红外摄影机拍到的视频影像，可以实时传输至地面站以进行观察和监视。而它的定位校射系统，还能够实时指示地面目标的坐标

和校正火炮射击。

但是，ASN-206无人机与美国的"全球鹰"无人机相比还有一定差距。不过，我国空军科研人员后来研制了它的改进型ASN-207以及ASN-104/5B、ASN-215、ASN-209等更加先进的型号，使我国大型无人机技术走到了世界的前列。

袖珍无人机

美国国防部高级研究计划局研制了一种机长和翼展都不足15厘米的微型无人机。该机续航时间为1小时，航程为16千米，既可以飞入建筑物内进行侦察，又可以作为视听监视哨附着在建筑物或装备上，将被用于执行特殊情况下的监视任务。

无人战斗机

1996年3月，美国国家航空航天局研制出两架X-36试验型无尾无人战斗机试验机。

这种无人机机长5.7米，重量为88千克，其大小只相当于普通战斗机的28%，航速达到12倍音速。它既可以从大型有人驾驶飞机上发射，也可以由飞行员在地面进行遥控执行各种作战任务。

该机所使用的分列式副翼和转向推力系统比常规战斗机更加具有灵活性，其水平垂直的机尾也减轻了重量和拉力，缩小了雷达反射截面。它执行压制敌人防空、拦截、战斗损失评估、战区导弹防御和超高空攻击等任务，特别适合在政治敏感区域执行任务。

无人隐形攻击机

这种飞机的速度为5倍音速，可以使用微型高精确制导炸弹，能够在几分钟之内摧毁各种移动目标。美国空军计划在几十年内，用无人战斗机和无人隐形攻击机取代现有飞机来执行危险性较大的作战任务。

拓展阅读

中国贵州航空工业集团无人机中心研制了WZ-2000无人机，它可以在全天时全天候条件下通过卫星向指挥部提供实时图像、电子情报，完成侦察和监视任务等。

空中战场的小精灵

俗话说"见微知著"。当千奇百怪、种类繁多、性能各异的高科技"小精灵"走向战场，窥视敌方阵地、监听敌方通信、窃取战场文件，甚至代替作战人员来执行一些特殊的作战任务的时候，必将对战争局势产生深远的影响。

微小型空中利器

微小型武器系统是指基于微米、纳米等技术，具有感知、

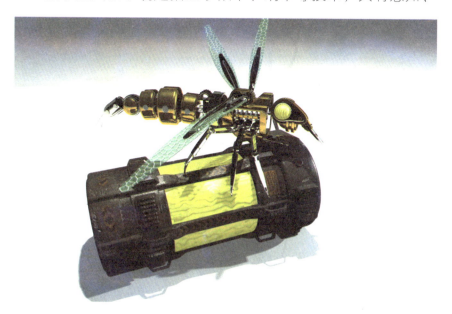

决策、行动和交互功能的无人作战单元。微小型武器与普通武器相比，在结构尺寸、重量大小上有明显差异。

针对不同类型的微小型武器，其小型和微型的尺度、重量还没有统一的标准。一般来说，对于空中飞行器而言，小型飞行器的尺寸为100至300厘米，重量在1至10千克。

而超小型飞行器尺寸为15至100厘米，重量在0.1至1千克。微型飞行器尺寸一般小于15厘米，美国则把30至45厘米的武器也归于其中，重量在10至100克。

国外已经装备的微小型无人机，有固定翼小型无人机和微型无人机。而小型无人机已经在美、以、法、德、俄等国部队大量服役，在多次局部战争中都得到了应用。它们主要承担战术侦察任务，用于为单兵或小分队的作战行动提供情报支持。

已经装备的微小型无人机以美国生产的居多，有"指

针""大鸦""龙眼"和"雨燕"等型号。此外，以色列装备了"云雀"无人机，德国装备了ALADIN无人机，法国装备了"追踪者"无人机，俄罗斯装备了ZaLa无人机。

在战术性能方面，这些小型无人机大多具有10至15千米航程、60分钟以上的续航时间和50至100千米的飞行时速。它们配备了先进的数据链，能够将采集到的信息实时传给操作人员。

随着军事科技的发展，超小型和微型无人机在技术上日趋成熟，部分型号已经赢得了军方订购，少量投入了批量生产和装备。

"机器人鸟"

2007年，"机器人鸟"在山东科技大学机器人研究中心问世。这是一只头戴控制信号发生器的家鸽，它竟然能够按照研究人员发出的计算机指令，准确完成起飞、盘旋、绕实验室飞行一周的飞行任务。

其实，用人工电信号控制动物的神经系统，是能够使动物变成"机器人式"的动物的。"机器人鸟"就是这样，它可以执行探测、空中摄影、投递、鸟群研究等任务。

"微型鸟舍"

这是美国国防部特殊研制的新一代情报和军事机器人。美国空军研究实验室研制的"微型鸟舍"飞行机器人，成为了莱特帕特森空军基地的聚焦亮点。它不仅是一款性能优异的侦察机，还是一个体形微小、外观可爱和充满传感器的实验室。

这种微型侦察机很难将之与昆虫和鸟类进行区分，可以在不被探测情况下悄然移动，执行监控和情报收集任务，甚至还能够送递跟踪装置和武器等有效载荷。

"指针"无人机

FQM-151A"指针"无人机是美国研制的一款无人机，可滞空1.5小时，飞行速度为每小时29~80千米，巡逻飞行距离一般为8~10千米。它的机体由凯夫拉复合材料制成，不仅坚固耐用，而且容易操作，可以垂直下降进行自动软着陆。

因此，即使它执行了数百次的飞行任务，也只需要进行小修。它上面的电子设备由电子罗盘、气压高度表和GPS接收机组成，可以自动导航，飞经预编程航线点，还可以自动待机巡逻。而操作人员只需要控制它的速度、高度和航向即可。

"龙眼" 无人机

"龙眼"是世界上投入使用的无人机当中最小的无人机，是美国海军陆战队使用的小型、全自动、可返回、手持式发射的无人机。它机长0.93米，翼展1.13米，重量2.3千克，航程为5~10千米，可以被便捷地拆卸和装入背包。

每一个"龙眼"系统都包括3架无人机和一个地面控制

站。机上的微型摄像机可以在夜间探测红外辐射和感应引擎的热量，从而侦察各种伪装的车辆。

　　该机持续飞行时间大约为1小时，能够为地面部队传输视频图像，并提供以往通常只有高级战略指挥官才能掌握和享有的战场实时侦察情报。

　　该无人机通过GPS标记点引导，每个标记点都可以表示不同的路线类型、盘旋搜索模式和海拔高度。在飞行过程中，士兵还可以通过带无线调制解调器的计算机对其进行飞行计划编程、飞行监控以及存储接收到的视频信号。

网络化无人武器系统

网络化无人武器系统代表着无人武器系统的一个发展趋

势。美国宾夕法尼亚大学有一个微型无人机群网络项目，集中了人工智能、控制论、机器人技术、系统工程、生物学方面的专家。

如果网络将大量微小型无人武器按照不同需求整合起来，就可以执行多种任务。例如，可以构建一类战区专用的网络来解决微小型无人武器系统的"智慧"和"能量"问题。

随着机器人科技的迅速发展，美国、以色列和欧洲国家的部队相继装备了固定翼小型无人机和微型无人机，并在多次局部战争中得到了应用。

在美国空军对未来武器发展的规划中，小型涵道式垂直起降飞行器、小型巡航弹药也受到了极大重视，微型弹药机器人更是被当作未来打击对手的有效武器。

微小型弹药的研制发展备受各国重视。例如美国研制的反坦克弹药、"毒蛇"和"小直径炸弹"等弹药机器人，虽然小巧，杀伤力却不弱，作战优势显而易见。

微型无人机应用前景

微型无人机不容易被发现，具有精准致命性和高度机动性，既廉价又可以快速反应，并拥有持续作战能力。当它们越来越能够携带更多的小型弹药时，作战效率就会倍增。

微型无人机的翼展一般在3米以下，有的只有15厘米。按照机翼的类型，可以分为固定翼、扑翼和悬翼。其中扑翼式的微小型无人机隐蔽性好，特别适合秘密监视和侦察。它可以完成搜索目标、提供毁伤评估和探测生化战剂等任务。

悬翼式的微型无人机可以在狭窄的空间内飞行，可以降落在建筑物上安放各种装置，也可以观察建筑物内的情况，还可利用自身携带的磁力计探测地下设施和隧道。

微小型无人武器系统对我国未来的国防也具有重大意义。在2015年北京召开的世界机器人大会上，我国研制的"天舜"侦察机惊艳亮相。它的机体只有手掌大小，飞行灵巧，控制距离达800米，轻松实现了自由侦察。

拓 展 阅 读

"臭鼬工厂"是美国洛克希德·马丁公司高级开发项目的绰号。"臭鼬工厂"是世界级军火巨头，以担任秘密研究计划为主，研制了洛·马公司的许多著名飞行器产品。其中包括U-2侦察机、SR-71"黑鸟"式侦察机、F-117"夜鹰"战斗机、F-35"闪电II"战斗机和F-22"猛禽"战斗机等先进武器。

军事间谍机器苍蝇

　　无处不在的苍蝇似乎从不受人待见，但它们却是世界顶尖飞行高手之一。

　　在2013年，哈佛大学的研究人员宣布他们从苍蝇身上得到启发，经过多年研制，终于开发出了世界上第一款机器苍蝇，重量只有80毫克。

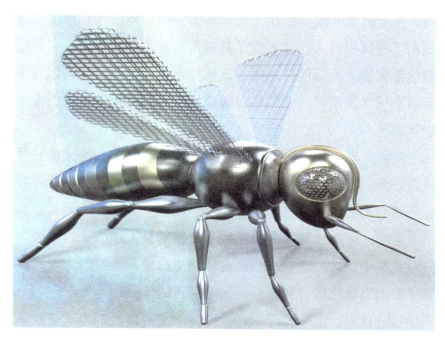

机器苍蝇的研究

在哈佛大学微型机器人实验室里，罗伯特伍德和他的同事研制了苍蝇机器人，并展现了其救援和侦察等功能。只要为这些机器人装上合适的传感器、飞行控制器和电池，就可以走出实验室投入使用了。它们可以敏捷地越过障碍物到达人们难以到达的地方。

例如，当地震导致地面断裂、房屋倒塌时，救援人员必须执行任务，穿过堆满碎石的街道去搜寻生还者，同时还要呼吸着充满有毒粒子的空气。

这时，可以让救援人员把数千个回形针大小的苍蝇机器人分散到整个灾区。这些小机器会侦测生命迹象，可以发现幸存者呼出的二氧化碳，或者侦测到幸存者的体温。

它们有的一组只有三只，不过总能使用自己的方式寻找幸存者。虽然有一些机器苍蝇可能撞碎了窗口的玻璃或者陷入死角，但是其他机器苍蝇可以从裂缝和横梁间进出。

当机器苍蝇发现幸存者时，它们会留在原地并使用剩余的能量向救援人员传递调查结果。它们会把无线电转换成低窄带频，再传递给事先在周围布好的接收网。所以，即使99%的机器苍蝇本身找不到了，搜索任务也是可以完成的。

机器苍蝇的设计

设计一个昆虫机器人比做一个飞机模型要复杂得多。不过，由于空气动力学的原因，昆虫的模型也各不一样。

在1999年，加利福尼亚大学伯克利分校的生物学家迈克尔·迪金森，通过把一个25厘米大小的仿苍蝇翅膀浸没在矿物油中来模拟空气黏度。这次实验首次证实了在不同模式的气流中昆虫飞行的基本空气学原理。结果表明，昆虫能够使用三种不同的翼运动来创造并控制空气旋涡需要产生的上升力。

　　基于迈克尔迪金森的模式分析结果，罗伯特伍德和同事开始模仿制作令人难以置信的昆虫翅膀运动。其中，一部分挑战来自于许多有助于苍蝇飞行的系统，包括眼睛，特别是协调其感知运动和能够产生非定性空气动力，来驱动机翼的强大有力的肌肉。

　　许多昆虫通过调整自身双翼的振幅、飞行角度和腹部的收缩来控制它们的翅膀。苍蝇更是具有叫做平衡棒的特殊感知器官，它在飞行时能够感知身体的旋转。这个特性是它能够在空中盘旋、飞上飞下、附着在墙壁和天花板上的关键所在。

　　这项实验经过了将近十年的时间，一开始是和加利福尼亚大学伯克利分校的导师，电子工程教授在实验室做研究。后来，罗伯特伍德将它放在了哈佛大学的实验室里。这种小型飞行机器人也许预示着一个实用小规模机器人设计的新时代。

机器苍蝇的特点

罗伯特伍德和他的同事着重研究两翅昆虫，诸如家蝇、蚜蝇和果蝇等。苍蝇是地球上飞行能力极强的物种之一，虽然它们体型很小，但是天生健康强壮，在飞行时能够经得住各种猛烈的撞击。

苍蝇以其惊人的机动性，以及通过复杂到超过100赫兹的三维轨迹频率来振动和移动翅膀。它在盘旋时，上冲和下冲模式几乎是对称的，但是在起飞或者前行时却是极不对称的。

苍蝇通过使用间接的飞行肌肉产生巨大的振幅和高频的振翅。因为它们只改变自己的部分胸膛，在身体上产生共振机制，而不是改变自身的翅膀，较小的肌肉则直接连接到翅膀神经上，以便协调翅膀的运动。

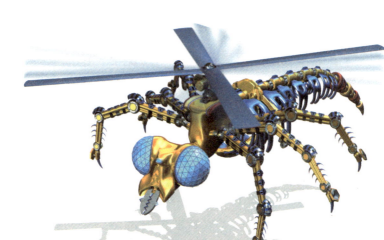

　　对昆虫来说飞行就像是踩水一样。由于体型较小，苍蝇周围气流的黏性比鸟类或者固定机翼的飞机更大。它的翅膀运动所产生的空气动力，可以在千分之一秒内改变激烈的程度。

　　相反，传统的机翼却受制于平稳的气体流动。正是因为这个差异，预测飞机性能的分析工具对于动态飞行昆虫的效果甚微，这也使得罗伯特伍德和同事们的工作愈发地困难重重。

　　经过无数次的反复试验，他们研制的机器苍蝇以其自己独特的发展方式，在功能上越来越像真的苍蝇一样。

　　罗伯特伍德和他的同事运用了生物学最基本的两个原则：翅膀面积与身体重量的比例，以及翅膀的扑闪频率。还有，因为在这方面电子设备并不占优势，所以他们没有必要盲目地对无脊椎动物的生理进行模仿。

　　就拿昆虫胸膛、翅膀的弹性与结构属性来说，因为它们都是由角素构成的，所以，再坚韧的普通多聚糖化合物都比不上碳纤维的坚固。

机器苍蝇主体就是用碳纤维制成，体重只有80毫克，翼展3厘米。在飞行时，它每秒振翅120次，频率几乎接近真苍蝇，快到肉眼根本无法看清楚。同时，它还能够在空中盘旋并沿着预先设好的路线加速飞行。

机器苍蝇的结构

这种机器蝇像真正的苍蝇一样，有着相同的主要飞行结构。机身就像是真苍蝇的外骨骼，发动机就像是真苍蝇的飞行肌，传动机就像是真苍蝇的胸膛，机翼就像是真苍蝇的翅膀。

其实，每部分的功能都比较简单。机体必须为发动机和传动机提供一个坚实的机械地面，驱动器为机器蝇胸部的共振提供能源。最后，机翼必须在一些根本性不同的气动条件下，保持足够的刚性以维持自身形状。

　　罗伯特伍德使用的是制作精良、硬度适中的碳纤维增强复合材料，而不是激光微细加工的超薄材料。这些简便的技术使他们在一周之内就可以制作出一个机器蝇的原型。为了制作关节，他们在两个又薄又硬的碳化纤维中间割开裂缝，在其中间夹入了薄薄的聚合纤维，这样就可以来回弯曲而不会导致其失灵。

　　四个这样的关节都是用一系列长短不一、平而坚硬的碳纤维连接起来的。对于连接长度适当的选择，其传输可以让原来的小角度转动向相反方向做更大的运动。

　　为了使得发动机模拟真实的肌肉运动，研究人员为机器蝇增加了碳纤维混合物。这种碳纤维混合物是一种受电场可以改

变形状的电镀材料。在设计这些电机时，不但要让它们保证有足够的能量供给，还要尽可能地使其更小更轻便。

电机的能源密度为每千克400多瓦，比普通苍蝇的翅膀肌肉能力高4倍以上。在成功模拟翅膀运动后，第二个突破口便是使用四根连接杆。令人满意的是，这种机制与双翅类昆虫非常相似，也是使用其胸腔来控制它们的翅膀运动。

罗伯特伍德和同事共同研发的新版机器蝇的重量只有60毫克，这与双翅类昆虫的重量几乎一样，而对自身的推力却是它们的两倍。这就跟真正的苍蝇几乎一样了。

　　为了保证机器苍蝇能够自由稳定地飞行，罗伯特伍德在它身上安装了感应器、控制器和电源。在其体内，神经冲动从内部反馈到传感器，期间无需中枢神经系统处理就可以直接调节飞行肌。这样，通过一些姿态传感器就能够指明飞行方向，然后直接操纵电机。

　　为了增加飞行时间，他们还必须为机器苍蝇增加电池的能量密度，或者开发自给能量技术。比如在它背上安装一个太阳能电池板，或者将其翅膀的振动能量转换成电流。

　　科学界认为，机器苍蝇提供了一条研究昆虫飞行力学的新途径。在未来，如果电源等问题能够得到进一步解决，将有可能广泛应用于军事监听、环境监测和农业生产等领域。

拓 展 阅 读

　　美国桑德斯公司研制的"微星"系列固定翼微型飞行器，翼展为15.2厘米，飞行时间为15分钟。在2000年，桑德斯公司又研制了采用长寿命电池、具有更好成像系统和机动性的"微星"。

军事间谍电子飞蛾

电子飞蛾的研制

如果一只飞蛾停留在你家的窗台，它可能正在监听你谈话。如今，这种科幻小说中的场景，慢慢地变成了现实。

美国国防部高级研究计划局组织研发了半机器生物体，他们通过给飞蛾、甲虫、老鼠和鲨鱼等动物安装电极、电池或摄像机，训练了一支"动物侦察兵特种部队"。

"电子飞蛾"就是军用生物体机器人，是一种体内植入了微型电子芯片，可以被遥控执行一定任务的飞蛾。当它还是一只蛹时，体内就被植入了一枚微型电子芯片。所以，它孵化后的整个神经系统都可以受到遥控。美国军方希望能够把这种小型间谍派上战场，神不知鬼不觉地搜集敌方的情报。

美国作家托马斯·伊斯顿曾于1990

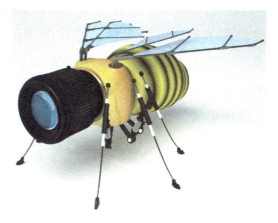

年发表了科幻小说《雀鹰》，其中有通过植入机电控制器控制动物的设想。这让科学家从中获得了灵感，在处于变态发育阶段的昆虫体内植入了微机系统。昆虫器官发育后能够包住微机芯片和电线，成为了远程控制的"昆虫侦察兵"。美国国防部高级研究计划局的目标，是造出至少能够飞离控制器100米、在追踪目标5米范围内停留的半机器昆虫。

美国亚利桑那州图森召开的会议展示了一系列录像，其中一个拍摄的是一只背部装有电线的烟草天蛾。它控制飞行的肌肉可以接收信号，并对信号变化做出先扇动一只翅膀，再扇动另一只，然后两只翅膀一起扇的反应。

电子飞蛾被研究者称作是微电子机械系统。而飞蛾是一种食物需求量极少的生物，它可以飞到任何地方去。不久的将来，一只飞蛾就能飞向某个山区，飞进敌方的营地进行侦察任务。由于电子飞蛾的外表和普通飞蛾没有任何区别，所以在敌营中搜集情报时不会引起任何怀疑。它可以将拍摄到的录像情报和其他信息通过机器交互界面传回控制者的电脑中。

电子飞蛾的材料

一些生物种类的眼睛表面已经进化，有纳米视觉结构，能够在夜间捕捉到几乎所有的光，以防止被捕猎。

制造工程中心MEC项目组的科学家们采用了飞蛾眼睛的模型，用于研究在低光环境中使用的工业透镜。

这种透镜表面的结构高度小于100纳米。透镜的结构大小需要小于光的波长，以避免对进入透镜区域的光造成干扰。科学家采用该中心的聚焦离子束，制造了结构微小的透镜模具。聚焦离子束采用高放电原子粒子在显微镜下进行材料加工。

这是一项极为复杂的挑战。不只是镜头本身的曲率要求很精确，表面的纳米视觉结构也要求小于光的波长，这样才能够消除光射到透镜表面时所产生的高折射率。这种对折射率的消除降低了透镜的折射，使其能够捕捉到更多的光。

这已经在工业实践中得到了确认。科学家们关注于这种透镜在半导体行业、光电池设备中的应用，包括太阳电池。在这类电池中，光损失为主要问题。此外，这种透镜在光纤、传感器和医学诊断设备中也有极大的应用潜力。

美国军方的实验

科学家们知道，鲨鱼、飞蛾和老鼠对气味的敏感性能够用于辨别气味微弱的化学制剂来源。所以，他们把电子元件藏在生物体内，使这些动物侦察兵表面看起来与普通生物没有区别。研制"昆虫体机器人"的关键技术问题是如何为"微控制器"提供动力。由于昆虫本身运动时会产生热量和机械动力，美国军方科学家利用这部分能量为微载荷提供动力，从而不需要在昆虫体内安装电池或其他动力系统。

在2012年，美国麻省理工学院研究人员成功地把一根"神经探针"植入了一个拳头大小的飞蛾体内，可以用电子信号控制飞蛾。科学家可以让飞蛾改变方向，就好像遥控飞机一样。

"神经探针"同一个无线电接收器和电池连在一起，科学家可向它发送遥控信号。全部装备只有半克重，可植入飞蛾腹部。研究人员跟神经生物学家密切合作，看看类似的探针是否可以用在人身上，研究者发现飞蛾有些神经和人的神经类似。

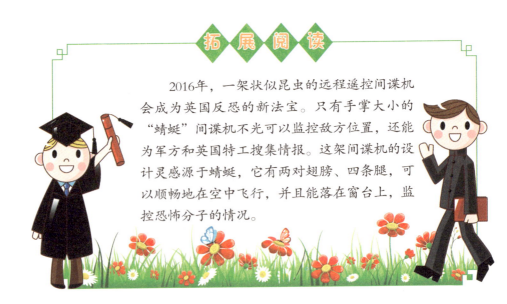

拓 展 阅 读

2016年，一架状似昆虫的远程遥控间谍机会成为英国反恐的新法宝。只有手掌大小的"蜻蜓"间谍机不光可以监控敌方位置，还能为军方和英国特工搜集情报。这架间谍机的设计灵感源于蜻蜓，它有两对翅膀、四条腿，可以顺畅地在空中飞行，并且能落在窗台上，监控恐怖分子的情况。

从飞碟到飞行轮胎

第二次世界大战一结束，德国的许多导弹火箭专家、飞机设计专家和大量技术资料就被运送到了美国。由此，美国节省了大量人力、物力，迅速发展了自己的导弹和航空事业。实际上，美国还接手了德国的飞碟研究工作。

20世纪50年代初期，世界上不断出现有关飞碟的报道。有的报道说在朝鲜战场看到了飞碟，有的报道说北约军队在1954年秋天的阿拉斯加军事演习中使用了飞碟，还有报道称美国空军曾经发表了一份公告，要求飞碟目击者不得向飞碟射击。

　　据此，人们猜测美国空军正在研究飞碟，开枪射击会破坏飞碟试验。飞碟研究属于最高军事机密，已经很长时间没有人读到任何正式报道了。而在官方研究秘密武器的同时，美国的一些飞机公司开展飞碟研究却是千真万确的事。

美国研制飞碟

　　大约在20世纪50年代后期，美国的一名飞机设计师保尔·莫勒受到飞碟事件的启发，所以设想研究了一种小型载人飞碟。他利用自己创办的莫勒国际飞机公司的力量，很快完成了设计工作，迅速制造了一种小型飞碟装置。

　　这种飞碟的外壳用双层高强度玻璃纤维制成，形状就像一个大圆盘。它的直径大约有3.5米，动力系统采用一部迪斯科型喷气式发动机。它在最初进行的飞行试验中，表现并不理想。

　　经过进一步改进设计，飞行员坐在中央位置，四周有8个转缸式发动机，每个发动机产生50马力驱动扇式翼片。在飞行员控制下，飞碟可以平稳地升到空中，可以悬停在几百米的高度，也可以以水平方向飞行。

440E型飞碟

保尔·莫勒首次展出这个得意之作的时候，就引起了参观者的极大兴趣。他再次改进设计，制成了形状稍有改变的440E型飞碟，这是一个长4米，宽5米，高1.4米，重约472千克的椭圆状飞盘。

这个飞盘采用了8部100马力的发动机，可以搭载4个人飞到5500米的空中，飞行速度为每小时390千米，最大航程660千米。这一设计方案虽然吸引人，但是由于缺少积极的投资单位，所以始终没有制成实用型的飞碟。

这时，美国军方的兴趣转向研究无人驾驶飞机。保尔·莫

勒为了适应新的形势，当机立断改为研究无人驾驶飞行器，并且设立了一个空中机器人公司，专门从事飞碟式机器人的研究试制工作。

空中机器人

从有人飞行器到无人飞行器，从驾驶飞碟到改成地面进行遥控，这都需要克服许多技术难关。莫勒公司经过十多年的探索，终于在1985年试制成功了一个超小型飞碟，名字叫做空中机器人。

这种飞碟是应美国海军的要求而研制。它的体积非常小，圆碟的直径为0.8米，最大负载重量只有2.3千克，可以安装一部视频摄像机。在一次飞行表演中，小飞碟用各种姿态飞行，机动灵活，上下自如，并且从1000米高的空中拍下了地面目标的图像。

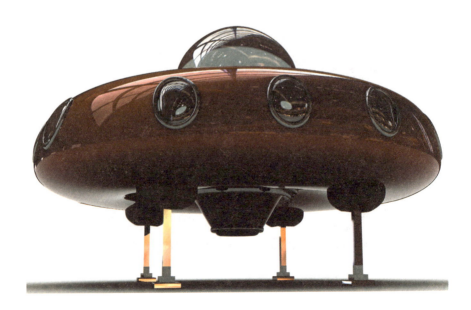

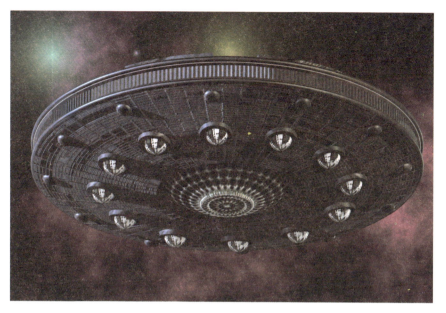

　　一些海军和陆军的军官观看以后，对它产生了很大兴趣，鼓励莫勒公司继续努力制成性能更优异的军事机器人，以尽快应用于战场。莫勒公司受到很大鼓舞，紧接着制成了许多不同规格、不同性能的无人驾驶飞碟，统一命名为空中机器人，而且不同规格的机器人都编上了不同的型号。

　　其中，最小的P115M型空中机器人的直径只有0.5米，高度为0.46米，起飞重量为14千克。它的最大飞行速度是每小时105千米，飞行高度可达4600米，悬停时间约30分钟。

　　中型的R124M型空中机器人的直径有0.61米，高度是0.71米，起飞重量为91千克。它的最大飞行速度是每小时402千米，飞行距离可以达到690千米。

　　大型的R820型空中机器人的直径有3米，高度为0.9米，起飞重量达540千克，能够携带360千克的设备，并在空中悬停1

个多小时。

这些机器人都采用了飞碟结构。用高级塑料制成圆碟状外壳，既可以减轻重量，又可以减小雷达波束的反射面。而涵道风扇式发动机运转平稳，噪音很小，具有良好的隐蔽性能，敌人的活动目标探测雷达或音响探测传感器都不容易发现它们。

机上装有无线电控制装置和平衡装置，垂直起飞以后可以迅速转入水平飞行，在空中进行侦察、巡逻。侦察器材主要是一部电视摄像机，可以在飞行中或悬停时进行摄像，也可以根据不同需要安装红外侦察仪器进行夜间侦察。而如果装上了激光目标指示器，它们还可以引导地面部队用激光制导武器准确摧毁目标。

"飞行轮胎"登场

在五花八门的飞碟式机器人中，有一位后起之秀，这就是

　　美国西科斯基飞机公司研制的"密码"机器人。它的躯壳用复合材料制造，体形与众不同，看上去好像一个巨大的充足了气的汽车轮胎。因此被人们称为"飞行轮胎"。

　　"飞行轮胎"的发动机装在中心位置，各种控制装置、传感器都装在"轮胎"里。发动机用的燃料装在相对应的两侧，这样就可以在燃料逐渐用尽的时候，使飞行器仍然保持平衡状态。

　　"飞行轮胎"的设计参考了"瞄准手"无人机的数据，只是它的性能更加先进，机上装有自动导航和飞行控制系统，并且采用了GPS全球定位系统和光纤陀螺等新技术。另外，它还可以用吉普车运送，一辆车上可以装载两个。

　　到达作战地点后，"飞行轮胎"能够从车上垂直升起，然后以每小时80千米的速度水平飞行。它既可以供步兵营作近距离空中侦察使用，也可以从海军的小型舰艇上放飞。在未来战

争中，如果能够大量使用各种飞碟式机器人，必将使战场的面貌彻底改观！

拓 展 阅 读

　　美军的OH-58侦察直升机又叫"基俄瓦"轻型观察直升机，自20世纪70年代以来几经改进，已有4种型号。其中，OH-58D型在主旋翼上方安装了一个圆球形的仪器舱，装有各种先进的光电器材。其机身采用改进流线型结构，被弹面积减小了54%，显著提高了战场生存能力。

特别的"飞行花生"

　　飞碟机器人之所以受到美国国防部的重视，不仅是因为它具有良好的隐蔽性和灵活性，还因为它在起飞时不需要跑道或开阔的场地，它从狭窄的空间就可以垂直起飞和降落。

　　二战以后，许多局部战争都发生在第三世界国家，而且巷战日趋频繁。海湾地区局势紧张，常常需要动用大量海军舰艇，而飞碟式机器人可以在狭窄的阵地或甲板上起飞，战术使用十分方便。

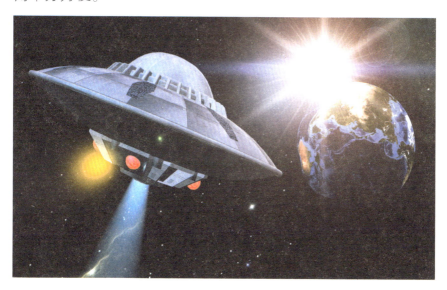

实际上，早在上世纪70年代，一些国家就已经开始研究可以垂直升降的无人驾驶飞行器了，只是不一定都采用飞碟的形状。这样也就产生了一些独具一格的机器，"飞行花生"便是其中一例。

"飞行花生"的设计

在1971年前后，加拿大国防部曾经提出制造垂直升降无人侦察机的设想，并委托加拿大飞机公司开展了研究设计。

根据要求，这种垂直升降式飞行器既要供地面部队或海军舰队在作战中进行战场侦察、目标搜索，又要能够用于边境巡逻、交通管理和灾情控制等民用领域，还要有良好的机动性能和隐蔽性能，并且可以在各种复杂环境中进行昼夜24小时的侦察、警戒、目标定位和电子对抗等工作。

经过4年多时间的研究、论证，设计师们对各种方案进行了模拟对比。最终，确定的方案既没有采用圆盘状结构，也拒绝了常见的固定冀飞机，反而采用一种奇持而巧妙的"双球体双旋翼"设计。

这种飞行机器人的躯体主要由两个圆球组成，圆球的直径在0.6米左右。在上部的大圆球中，装有一部发动机和一个燃料箱，而各种电子光学侦察器材、通信设备和控制线路则装在下端的圆球里。

两个圆球直立起来，中间用圆柱体连接着。圆柱体上有上下两副旋翼，每副旋冀由3叶另片组成。发动机采用单轴涡轮发动机，产生的功率为15~50马力，在工作时可以带动上、下两副旋翼向相反的方向旋转。

"飞行花生"的特点

该机器人的机身高1.6米，旋翼直径2.5米，旋冀快速旋转后产生强大的升力能够使它垂直升起。因为远远望去它就像一颗巨大的花生飞翔在空中，所以人们为它起了"飞行花生"这个有趣的绰号。其实，它的正式名称是CL-227型垂直升降无人驾驶侦察机。

"飞行花生"不但外形奇特，在飞行试验时的表演也十分出色。它的一切行动由机动式地面遥控站控制，遥控站中有一名飞行遥控手，他通过无线电控制系统控制无人机的各种飞行动作。另外还有一名侦察仪器操作手，负责监视机上各种仪器的正常工作。

在机器人下端的圆球中，装有白天侦察用的电视摄像机、夜间侦察用的微光电视摄像机和红外线观察仪。此外，它也可

以安装激光目标指示器或电子干扰设备，前者能够为激光制导炮弹指示射击目标，后者能够对敌人的通信指挥系统进行电子干扰。

"飞行花生"机器人的另一个特点是拥有两套控制系统。

在正常情况下，可以通过预先编好的程序或者无线电控制系统对它进行遥控。在拍摄到敌人阵地的目标图像后，通过传输装置及时传送到地面接收站。这种传输装置采用5.4到5.9千兆赫波段，拥有14条指令信道和8条比例数据信道。

在遇到敌人干扰的情况下，它也可以采用系留飞行的方式。即从飞行器上放出一个缆索盘，拉出一条凯芙拉吊索，机上的电视摄像机将搜集到的其他情报通过专用的系留缆索传送到地面，从而大大提高了抗干扰能力和保密性能。

应用前景

这个机器人圆球状的表面没有任何锐角突起，上下旋翼都用低反射复合材料制成，在某些部位也使用了雷达吸波材料，因而大大减小了敌人雷达波束的反射信号。

"飞行花生"的发动机比较先进，产生的噪音很小。发动机的排气管安置在特殊的位置，排出的热辐射会迅速被旋翼气流冲淡，不易成为红外制导导弹的跟踪目标。它被发现的距离小于3.6千米，这显著提高了战场生存能力。

奇特的构思、优异的性能使"飞行花生"成为了无人机队伍中备受青睐的优秀成员。加拿大海军已经在试验将它用在护卫舰上，英国则设想利用它作为诱饵飞机，而美国也已经对它进行了评估试飞，并打算把它用作旅一级的近程空中监视系统。

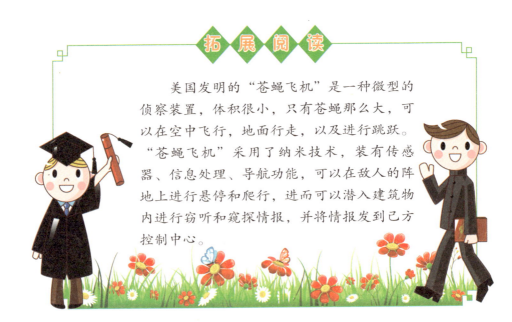

拓展阅读

美国发明的"苍蝇飞机"是一种微型的侦察装置，体积很小，只有苍蝇那么大，可以在空中飞行，地面行走，以及进行跳跃。"苍蝇飞机"采用了纳米技术，装有传感器、信息处理、导航功能，可以在敌人的阵地上进行悬停和爬行，进而可以潜入建筑物内进行窃听和窥探情报，并将情报发到己方控制中心。

空中电子对抗超人

电子对抗基本介绍

电子对抗又称电子战，是现代战争中一种非常重要的作战手段。其目的在于削弱、破坏敌方电子设备的使用效能和保障己方电子设备正常发挥效能，为己方牢牢掌握战场主动权并夺取战斗胜利创造有利的条件。

电子对抗无人机是专门用于对敌方雷达、无线电通讯设备

和电子制导系统等实施电子侦察、电子干扰或袭击的空中机器人。电子对抗无人机是战斗机、攻击机、轰炸机等主战飞机的保护神，主要分为电子侦察和电子干扰两大类。

无人电子侦察机主要用于收集通信情报和电子情报，而无人电子干扰机分为源电子干扰型和无源电子干扰型两种。其中，无源电子干扰型占多数，其基本的干扰设备是箔条投放器、曳光弹投放器、角反射器和龙伯透镜等雷达回波增强设备。

无人电子侦察机

早在20世纪60年代初，英国特里达·瑞安航空公司就已经开始进行无人电子侦察机的研制工作。后来，该公司在"火蜂"I型靶机的基础上先后研制出147D、147E、147TE和147IF等型号的电子情报与通信情报无人机。

后来，他们在147IF的基础上又研制出了大高度电子侦察型无人机154型AQM-91A。该机大量采用隐身技术，雷达散射截面和红外信号特征很小，有较高的生存能力，其飞行速度在每小时900千米以上，最大飞行高度超过2万米。

继154型之后，特里达·瑞安航空公司又研制出更高性能的无人电子侦察机YQM-98A。该机以一台18千牛推力的涡轮风扇发动机为动力，巡航速度为0.5到0.6马赫，飞行高度在2.1万米以上，续航时间30小时。

到了20世纪80年代，美国开始研制太阳能动力平台，这使电子侦察类无人机的性能有了更大的提高。前苏联对发展无人电子侦察机也很重视，生产了"小鹰"、雅克-25RD／RV等多种型号。这类无人机按照用途的不同，可以分为下面三种类型：

有源／无源电子干扰无人机

20世纪60年代后期，英国特里达因·瑞安航空公司以147N

机体为基础，研制出了中高度电子干扰类无人机147NA。它的机翼可以挂载有源电子干扰吊舱或两个AN／ALE-2箔条投放吊舱。

之后，该公司又研制出147NC型机和255型机。其中，255型机可以携带模组化音响干扰机，以及两个AN／ALE-2或AN／ALE-38箔条投放吊舱。在执行任务时，255型由DC-130H母机空中投放。在完成任务后，则由CH-3或HH-53飞机空中回收。

美国比奇飞机公司于20世纪80年代研制出MQM-107"袭击者"无人机，机上装有无源／有源电子干扰设备，最大水平速度为每小时956千米，升限1.22万米。

这期间，美国霍普金斯大学也研制了一种小型无人电子干扰机Air-EXJam。该机最大发射重量18.1千克，机上装有微型电子干扰机，其巡航速度为每小时88千米，续航时间为3小时。

无源诱饵型无人机

后来，该大学还研制出了一种成本很低的小型通信干扰型无人机。这是一种欺骗性干扰无人机，专门作为切断跟踪的诱饵。只要在轰炸机或歼击机上装备它，并在突袭前投放，就可以诱惑敌方雷达、导弹和掩护僚机袭击敌方目标。

Samon、150型Maxi、290P和TALD是美国布伦瑞克公司于20个世纪七八十年代研制的诱饵无人机。以色列曾经用Samson无人机攻击了黎巴嫩贝卡谷地地空导弹阵地，取得了良好的战绩。

在无人电子干扰机中，诱饵机占有相当高的比例。除了上述4种诱饵机之外，还有147N、147NX、124INV-130"欧洲雀"、LODED、"鹌鹑"和AED等机型。近年来，为了提高巡航

导弹的突防能力，专家们正在研制性能更优异的诱饵机。

反辐射／骚扰型无人机

这是一种在20世纪70年代中期开始发展的无人电子干扰机。机上一般装有电子干扰设备、辐射探测器和非核战斗部。它们多数采用小型活塞式发动机，续航时间通常在4小时以上。

执行任务时，无人机在发动机推力作用下，以每小时100~300千米的巡航速度飞到敌方雷达区上空长时间盘旋，对雷达信号进行骚扰。当敌方雷达开机时，无人机就由机上雷达寻的器制导，向雷达俯冲并摧毁它。由于这类无人机的骚扰使敌方雷达不敢开机，所以能够为战斗机创造袭击机会。

在世界上，美国波音军用飞机公司研制的"勇士200"、

E系统公司研制的E-75与Axillary、费尔柴尔德公司研制的ATM-100、以色列飞机工业公司研制的"恶妇人"、德国道尼尔公司研制的DAR、梅伯布公司研制的KDAR和法国赛其为公司研制的"玛鲁拉"都属于反辐射／骚扰型无人机。

"云雀"无人电子对抗机

"云雀"无人机具有体积小、机动灵活、被发现概率低、突防能力强和代价小等优点。它重约4.536千克，采用电力推进，静音性能良好，可以在正常巡航高度上飞行约1.5小时。

"云雀"无人机的自主能力极强，能够自主飞行到超过4500米高度，并能够在山区地形中进行精确的定点回收。它的最初设计是用于装备旅级和营级机动部队，满足反恐作战的需要。

根据实际使用经验，若恐怖分子听到了飞机发出的声音，就会很快躲藏起来，这样就会失去消灭他们的机会。所以，静音性能在反恐作战的情况下显得尤为重要。

为了避免"云雀"被敌人过早发现，就不得不让它飞高一点儿。但是，这会使它的传感器常常被云层遮挡，无法持续进行监视和跟踪，也不能充分发挥光电/红外传感器的效能。而合成孔径雷达虽然可以穿透云层，但是它的精度难以做到识别人员及其活动，也就无法给出打击敌人所需要的特定信息。

而电推进技术可以简化结构和提高可靠性，最适合在反恐作战环境中使用。"云雀"无人电子对抗机就采用了基于可充电电池组的全电推进，飞行时的噪音很小，在130米外就听不到了。

"哈比"无人电子对抗机

"哈比"无人电子对抗机的三角形机翼有两米长，装有一台19千瓦的双缸双冲程活塞式发动机和推进式螺旋桨，带着反辐射导引头，可以执行全天候作战任务。它具有机动灵活、航程远、续航时间长、反雷达频段宽、智能程度高和生存能力强等特点。

"哈比"无人电子对抗机采用普通车用汽油或航空汽油作为燃料，飞行速度为每小时200千米，巡航速度为每小时165千米，升限约为3千米，续航时间3~5小时，航程在100千米以上。

该机具备自主探测和目标定位与攻击能力，而且可以在对方防空系统雷达关机时，留空巡航搜索并锁定目标，待对方雷达开机时再发起进攻。它配有红外自导弹头、优越的计算机系统和全球定位系统，以及确定打击次序的分类软件，攻击精度可以达到5米。

"哈比"无人电子对抗可以从卡车上发射，沿设计好的轨道飞向目标所在地区并在空中盘旋，可以自主攻击目标或返回基地。如果它测出陌生的雷达，就会载着高爆炸药撞向目标，同归于尽。

"哈比"的反雷达无人攻击系统，由无人机和用于控制及运输的地面发射平台组成。它的每一个基本火力单元由54架无人机、1辆地面控制车、3辆发射车和辅助设备组成。其中，每一辆发射车都装有9个发射装置，发射箱按照三层三排布置。每个发射箱可以装载两架无人机，一辆发射车就可以装载18架无人机。

拓 展 阅 读

日本东京大学开发出了一个机器人击球系统，这个机器人每千分之一秒就能够确认一次来球的位置，从而调整棒子的位置。即便飞来的球是时速超过300千米的宣宕球或弧线球，它也能够挥棒准确击中。这种机器人在垒球手和棒球手运动员的训练上会起到重要的作用。

空对空攻击超人

世界无人攻击机分为多次使用性无人攻击机和一次性无人攻击机两大类，它们都是空对地或空对舰攻击型的，其攻击目标是地面、海上的活动目标或固定目标。

美国正在研究试验空对空无人攻击机，他们曾经把"火蜂"靶机改成空对空交战试验台，并做了单机空中试验，取得了比较大的进展。但是对于机群格斗来说，情况却要复杂得多。

由于存在多机控制，操纵与指挥间的协调，以及无人机与

地面火力的协同作战等问题，只做这种单机空中试验是远远不够的，还需要做更深入的试验研究工作。因此，空对空无人攻击机是一项长远的研究课题。

多次使用性无人攻击机

多次使用性无人攻击机可以回收再利用，可以携带导弹、鱼雷或炸弹，在执行任务时攻击和摧毁目标。这种无人机在种类与数量上都比较少，主要机型有德国的LA-RPV，美国的QH-50系列、234型、259型和RAPTOR"示范者"等。

其中，LA-RPV是由德国道尼尔公司研制的无人机，装有1台涡轮喷气发动机。它从地面起飞后，能够在低空以较大飞行速度到达目标区上空。在攻击目标时，它由机载弹药容器放出散弹武器。在完成任务后，它靠机下的起落架滑跑着陆。

RAPTOR"示范者"是美国斯凯尔德复合材料公司于20世纪80年代研制的高空长航时无人机，机上装有一种超高速空对空导弹。在导弹的自动导引头内，还装有被动攻角传感器和激光雷达测距仪。它主要用于拦截弹道导弹，也可以执行侦察、监视等任务。

当该机飞到敌方战术弹道导弹发射区上空后，可以巡逻飞行，并不断地搜索地面目标，还可以在敌方弹道导弹发射后10~90秒的助推阶段内进行跟踪、锁定，然后发射导弹进行拦截。

一次性无人攻击机

一次性无人攻击机主要用于攻击坦克、车辆等目标，机上装有红外寻的器和非核战斗部，通常小型较小。它由地面无线电指令遥控或自动控制飞向目标区上空，并待机巡逻。在探测到目标后，它会通过寻的器制导飞向目标，并进行引爆。

德国梅伯布公司研制的PAD／KDH，美国空军部研制的

XBQM-106、"神风队员"，比奇飞机公司研制的1089E型和E系统公司研制的E-175，以及意大利米梯尔公司研制的"米拉奇"20型和100型等无人机都属于一次性无人攻击机。

微电子技术、自动控制与导航技术，以及数控技术的迅速发展，都为研制先进的自主无人攻击机提供了技术基础。

1986年，英国计算机公司赛肯分公司提出一种21世纪制空无人机SOARELY方案。该机装有人工智能系统和小型战斗部，机翼为X形布局，可以旋转，旋转时能够像直升机那样进行垂直起落与空中悬停，固定时则像普通的固定翼飞机那样飞行。

在执行任务时，它靠人工智能系统自主操作飞到敌方区域，并自动监视敌方活动，再把获得的情报编成密码传回地面站。当探测到值得摧毁的目标时，它会自主决策是否攻击目标。

拓 展 阅 读

无人机的最初用途是作为靶机，主要用于地面防空和空中格斗武器的试验与训练。例如，美国诺斯罗普公司研制的MD2R5靶机，最大飞行高度8250米，可以装红外曳光管和雷达信号。美国瑞安公司的BQM—34靶机，飞行速度为1.5马赫，飞行高度达1.83万米，可以用于模拟敌方战斗机。

无人直升机

无人直升机不需要专门的机场、跑道，在发生故障时可以进行自动降落。因为它的旋翼由自动倾斜器操纵，可以在静止空气和相对气流中产生向上的力，还可以产生向前、向后、向左和向右的水平分力。所以，无人直升机才能做到垂直升降、空中长时间悬停、原地转弯、前飞、后飞、侧飞、贴近地面飞行、利用地形隐蔽飞行等各种动作。

"火力侦察兵"简介

在1998年11月，美国海军向国防部联合需求评审会提交了发展舰载垂直起降战术无人机的作战需求文件，决定发展能够从地面和军舰上自动垂直起飞降落、在空中稳定悬停的轻型无人机。

随后，布诺·格公司的"火力侦察兵"无人直升机被美国军方看中，编号为RQ-8A。这种直升机是以美国施韦策公司研制的施韦策330无人机为基础发展起来的，这种做法显然有利于缩短新机型的研制周期，大大降低开发成本和研制风险。

"火力侦察兵"的功能

"火力侦察兵"无人直升机被选为美军"未来战斗系统"中的"旅级"无人机，也是这个系统已经规划的无人机中最大、最高级的一种。该无人直升机具有以下强大功能：

一、执行情报、监视、侦察任务

利用机载的光电、红外传感器和激光测距、指示仪等基本任务载荷，"火力侦察兵"即可实施战术目标搜索、识别、跟踪和指示，并通过KU波段战术通用数据链终端，将目标信息直接传递到己方的火力打击平台。同时，它也可以自主实施火力打击，并在完成打击后实时对目标战损情况进行评估。

二、为指挥官提供实时的战场状况信息

作为网络中心战战场空间内的关键节点，"火力侦察兵"利用3套机载ARC-210无线电系统，提升了美军指挥、控制、通信、计算机和情报体系结构的有效性、灵活性。

三、精确火力打击

利用机上挂载的GPS和半主动激光复合制导的"蝰蛇打击"精确制导武器、激光制导的"低成本精确杀伤火箭"和"九头蛇无制导火箭"，"火力侦察兵"能够对地面或海上的

敌方目标进行火力打击。

四、超越地平线目标瞄难

在"火力侦察兵"无人机系统投入使用后，美军战地指挥官可以依托舰载或地基控制节点，对海、陆、空作战行动进行无缝控制。"火力侦察兵"获取的目标瞄准信息，可以直接、实时地传递给包括战斗机、舰射导弹和地面火炮等在内的所有可能对敌方目标实施打击的武器平台。

另外，该机还可以用于其他任务，例如为部队提供补给。它在与地面控制站失去通信联系后，仍然可以继续执行任务。最重要的是，它还可以替有人飞机去执行那些枯燥、恶劣和危险的任务，而且飞行的成本要低得多。

拓 展 阅 读

科学家们正在对各类机器人进行比较研究，综合选优，使未来的"钢铁战士"一专多能，以减少专用机器人的数量，提高基础机器人的质量，并使各构成部件标准化、通用化、模块化。通过对基础机器人的研究，一些国家意图组建沙漠机器人兵团、机器人反恐怖突击队和机器人控制、指挥中心等。

空中智能战斗超人

　　由于控制技术的不断提高和智能控制理论的不断完善，在战机中，出现了一类不用飞行员驾驶就能够执行任务的飞机，这就是无人驾驶战斗机。

　　无人驾驶战斗机是依靠内在的自动驾驶仪器自动飞行，或者通过地面遥控飞行的作战飞机。与飞行员们驾驶的战斗机相

比，它拥有更大的飞行半径和飞行时间，在现代高技术战争中发挥着独特的作用。

JSF无人驾驶战斗机

这是美国波音公司研究的，由联合攻击战斗机JSF改装而成的无人作战飞机。其突出特点是具有高机动性和极强的追踪与规避能力，可以与有人驾驶的联合攻击机混合编队作战。

X-47隐身无人战斗机

这种隐身无人战斗机的外形类似于B-2隐形轰炸机，其最大特点是隐身性能良好、战场生存能力强。它的作战半径约1300千米，能够携带450千克的精确制导弹药，可以执行空中巡逻、情报收集、对地攻击等任务。

该机在航母上所占空间不会超过A-4战斗机，动力系统采用F100发动机，这种发动机原是为F-16战斗机研制的。它具有独特的通信和遥控方式，机载传感系统具有探测敌方导弹和识别地面目标的能力，而机载计算机具有自主跟踪、攻击的决断能力。

该机也具备高水平的空战系统，可以在1万米高空以高亚音速速度巡航，可以携带重达1814千克的武器载荷。这满足了联合网络作战的要求，为部队执行全天候作战任务提供了有力支持。另外，它还能够进行空中加油，以提高战场覆盖能力和进行远程飞行。

"2025" 无人战斗机

美国海军计划在2025年前组建首支舰载无人驾驶战斗机中队。按照名为"F/A-XX"的规划，美国海军将对若干新型无人驾驶飞行器的技术特性进行评估，并根据评估结果研制新一代

的舰载无人驾驶战斗机。

这是美国空军大学在《2025研究报告》中提出的一种可以在2025年投入使用的高空长航时无人战斗机。它能够以高亚音速巡逻飞行，飞行高度可达2.6万米，作战半径在6800千米以上，能够在目标上空留空24小时，续航时间为40小时。

智能无人战斗机

在2007年，俄罗斯公布了一款外形似蝙蝠的飞机模型。这是由俄罗斯米格公司设计的智能无人战斗机，外形平坦，后掠式机翼。它重约10吨，载弹量高达2吨，航程为4000千米。

该机的承造商宣称，在回避敌人雷达和防空炮火性能方面，他们的匿踪技术让它比美国的隐形无人机更不容易被侦测到。而且，即使遭到猛烈的炮火攻击，它也能够攻击地面或海面目标，特别是敌军的防空阵地。

拓 展 阅 读

科学家们正在开展对人体的肌肉和韧带等软组织的研究，并且已经取得重大进展。他们有望找到一种类似人体肌肉的柔性物质，替代机器人身上的硬性物质，以提高机器人肢体的柔软性和关节的灵活性。

空中智能轰炸超人

轰炸机基本介绍

轰炸机就像一座空中堡垒，是空军实施空中突击与战略威慑的主要机种。它除了能够投掷常规炸弹之外，还能够发射空对地导弹和核武器。目前世界上最先进的远程战略轰炸机是美国的B-2、俄罗斯的图-160M2和中国即将试飞的轰20。

轰炸机可以分为轻型轰炸机、中型轰炸机和重型轰炸机

三种类型。轻型轰炸机一般能够装载3~5吨炸弹，中型轰炸机一般能够装载5~10吨炸弹，重型轰炸机一般能够装载10~30吨炸弹。

轰炸机具有突击能力强、航程远、载弹量大等特点，机上的火控系统可以保证具有全天候轰炸能力和极高的命中精度。它的武器系统一般包括各种炸弹、航弹、空对地导弹、空舰导弹、巡航导弹和深水炸弹等，在有需要的时候还会搭载核武器进行战备巡逻。

轰炸机一般装有受油设备，以进行空中加油。而它的电子设备包括自动驾驶仪、地形跟踪雷达、领航设备、电子干扰系统和全向警戒雷达等，用以保障其远程飞行和低空突防。

B-2隐形战略轰炸机

诺斯罗普·格鲁门B-2隐形战略轰炸机绰号为"幽灵"，是由诺斯罗普和波音公司联合麻省理工学院为美国空军研制的，用于执行战略核常规打击任务的低可侦测性飞翼式轰炸机。

该机最主要的特点是低可侦测性，即俗称的隐身能力，这使它能够安全穿过严密的防空系统进行攻击。它的隐身性能并非仅局限于雷达侦测层面，也包括降低红外线、可见光和噪音等不同讯号。这使它会被侦测到并被锁定的可能降到了最低。

在不进行空中加油的情况下，它的作战航程可达1.2万千米，加油一次的话可达1.8万千米。它每次执行任务的飞行时间一般不少于10小时，美国空军称其具有"全球到达"和"全球摧毁"能力。

B-2隐形战略轰炸机正式服役于1997年，一共只生产了几十架。它的隐身性能可与小型的F-117隐身战斗机相比，而作战能力却与庞大的B-1B轰炸机类似。

在需要使用新型的TSSM远程攻击弹药时，它的携弹量为16

枚。当需要准备核武器时，它可以携带16枚B63型核炸弹，并且AGM-129型巡航导弹也可以装载核弹头。

B-2隐形战略轰炸机外翼段内部的大多数空间被油箱占据，发动机舱之间的机身下方并列布置了两个大型弹舱。每个弹舱可以安装一个先进的旋转式挂架或两个炸弹挂架组件，以挂载常规弹药。

该机的两个旋转式挂架可以携带16枚AGM-129型巡航导弹，也可以携带80枚MK82型或16枚MK84型普通炸弹，或者36枚CBU-87型集束炸弹。

在2002年2月，美国为B-2隐形战略轰炸机增加了使用联合防区外空对地导弹JASSM的能力。经过航电与装备性能提

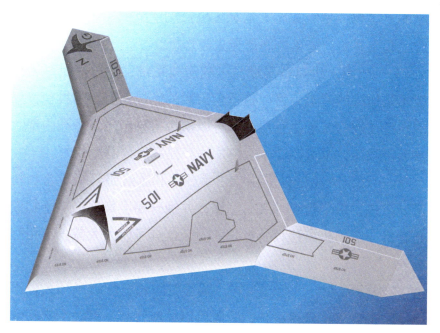

升后的B-2A型，可以携带AGM-154联合距外武器和GBU-28型2250千克激光制导炸弹，并可以携带AGM-158联合空对地距外导弹。

X-47B无人轰炸机

X-47B无人轰炸机是美国诺思罗普·格鲁门公司研制的一架试验型无人战斗航空器，设计时速达800千米，最大飞行高度为12000米。该项目于2007年启动，于2011年2月4日在美国加利福尼亚州爱德华兹空军基地首飞成功。

在2013年5月14日，美国海军首次从乔治·布什号航空母舰上弹射起飞了一架X-47B无人机。同年7月10日，一架X-47B型无人机首次自动降落在乔治·布什号航空母舰上。

这是人类历史上第一架无需人工干预且完全由电脑自主操

纵的无尾翼、喷气式无人驾驶飞机，也是第一架能够从航空母舰上起飞并自行降落的隐形无人轰炸机。

X-47B无人机具备高度先进的空战系统，可以满足联合作战网络作战的需求，可以执行全天候的作战任务。它具备良好的隐身性能和战场生存能力，可以携带各种传感设备和内部武器装备载荷，也可以通过空中加油来提高战场覆盖能力。

X-47B无人机的外翼由铝合金部件和碳纤维环氧复合材料蒙皮组成，每个机翼都装有副翼，并拥有高度集成的电子和液压管路。它的机翼还具有折叠能力，这样可以大大减少占用空间。

X-47B无人机飞行性能好、留空时间长、作战半径大，不过最大优势在于隐身突防，它既可以使航母战斗群处于更安全

的位置，也可以更深入内陆执行打击任务。

"利剑"无人轰炸机

在2013年5月初，中国"利剑"隐身无人攻击机验证机在某地机场进行了地面滑行测试。这意味着我国成为世界上第三个试飞大型隐身无人攻击机的国家。这是我国航空技术领域的一次伟大进步，标志着我国正式进入了无人机研发领域的世界先进行列。

"利剑"无人机实现了翼身融合的飞翼布局，具备良好的隐形能力和战场生存能力，从而可以对敌后纵深高价值地面目标进行精确打击，可谓"万军丛中取上将首级"。这一点是中国现役有人驾驶飞机所不具备的。

"利剑"无人机的翼展为14米，机身采用钛和复合材料制造，整个表面光滑顺畅，没有明显的鼓包和缝隙。它的机身剖面接近于翼型，其上下表面在展向上与机翼表面的过渡并没有明显的界限。这些特征进一步提高了飞机的隐身性能。

利剑无人机的高分辨率遥感卫星可以获得关键地区的高清数字地图，为无人作战飞机运用解决了导航及精确制导问题。它的机腹弹仓经过了特殊设计，具有自动跟踪和侦察功能。

除了"利剑"以外，美国的X-45、X-47B、俄罗斯的"电鳐"、法国的"神经元"和英国的"雷神"等无人机也无一例外地采取了飞翼布局。可见，这是高端无人机发展的一个主要方向。

拓展阅读

美国研发的一种微型无人轰炸机，长45.7厘米，重1.4千克，能够以超过160千米的时速连续飞行30分钟。除了弹药外，它还可搭载一台摄像机、一台无线电，以便与地面上的士兵保持联系。这种袖珍轰炸机可以由步兵随身携带，威力不容小觑。它能在数十秒内升空并摧毁敌有生力量，为海军陆战队、特种兵等前锋部队提供即时空中支援。

空中多用途无人机

多用途无人机是20世纪60年代才出现的机种，与单用途无人机相比，它具有功能多、能够适应战斗任务变化的需求和多种用途的需求，以及成本较低等优点。在世界无人机中，多用途无人机的比例日益增长，越来越受到各国的重视，它主要有下面三个特点：

多设备

机上同时装载多种任务设备，以执行多种任务。其首要条件是无人机要有足够大的任务设备载量与空间，以及功能大、重量轻、价格低廉的小型任务设备。从技术水平方面来说，只有少数大型无人机才能实现这个要求。例如"秃鹰""暗星"等无人机，它们的有效载荷均在300千克以上。

多互换

机体采用可互换性任务设备舱段、短舱或集装箱式安装法，实施一机多用。

例如，美国239型无人机的机头是组合式结构，可以装侦察用的头部、电子战头部或对地攻击用的头部，以在执行某一

项任务时装上相应的头部。而英国的"灰背隼"无人机则使用可互换性插入式设备模块，在执行监视、通信中转和电子干扰等任务时，只需要换上相应的设备模块即可。

多系列

即以系列机形式实现一机多用。系列机是由原准机和一些在原准机基础上发展而成的改型机组成。每种改型机通常只具有一种功能与用途，但是由各种不同用途的改型机组成的系列机却呈现出了多用途的特点。

例如，瑞安147系列机是囊括了20多种改型机的大家族，该系列机具有高空与低空照相侦察、通信情报与电子情报收集、电子干扰与诱饵等多种功能用途。

世界各国已经看到多用途无人机对未来战争的作用。有专

家预言，这种技术如果继续加以开发，就会出现类似从机枪到装甲车、坦克那样的巨大发展，从而改变战争的面貌，最终深刻影响未来战争的战略和战术。

拓 展 阅 读

在中国的合肥有一支来自中科院先进制造技术研究所的无人驾驶车辆研发队伍，他们研发的第一代无人驾驶汽车"智能先锋1号"已经升级为"智能先锋2号"，这辆第二代无人驾驶汽车的最高时速可以达到120千米。

空中太阳能超人

太阳能无人机的研制

美国航空航天局（即NASA）认为，太阳能无人机的用途广泛，发展前景比较乐观。由于这种无人机主要利用太阳能提供能源，具有飞得高、续航时间长和飞行距离远的特点，是一个理想的空中飞行平台。它完全可以应用于各种科学探索，并可以执行侦察任务，军事用途的潜力十分巨大。

NASA研制的第一种太阳能无人机"探索者"，已经在夏威夷上空进行过试验飞行。它上面带有两个阿摩斯研究中心研制

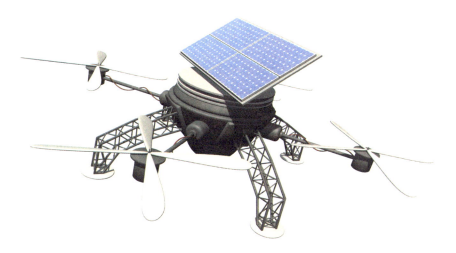

的传感器，一个是数字式高分辨率的频谱干涉仪，另一个是能够实时传输的高分辨率空间图像系统。

同时，NASA也在进一步拓宽太阳能无人机的使用范围。

科学家们发现，利用这种飞机的机翼可以进行全球信息的传输。太阳能飞机可以长期在高空飞行，完全可以用作移动式电话通信中继站。它作为通信中继站要比人造卫星效果更好，有更大的灵活性。因为，它能够毫不困难地从空中返回地面进行维修或更换设备，这是卫星所无法比拟的。

太阳能飞机还可以很容易地快速转换所监视的工作区域，比卫星更方便，而其使用费用却比卫星低很多，不到卫星的一半。当然，太阳能无人机才刚刚走向实用，发展的路还很长。NASA已经研制了四种太阳能无人机原型机，它们有相似之处，也有不同之处。

"探索者"太阳能无人机

第一种型号是"探索者"太阳能无人机，机长3.6米，翼展29.5米，展弦比为12，翼面积71平方米。它于1993年首飞，采用的是平直翼和双吊舱设计，是四个型号中最小的一种。"探索者"共装有6台发动机，单台功率1.5千瓦，起飞重量252千克，有效载荷45千克，飞行速度每小时30千米，升限2.1万米，续航时间14至15小时。它在1995年曾经创造了15530米的飞行距离和1.997万米的飞行高度记录。后来，它在夏威夷上空又创造了飞行高度2.16万米的纪录。

"探索者+"太阳能无人机

第二种型号是"探索者+"太阳能无人机，是在探索者的基础上发展而成的，于1998年试飞。该机也是采用平直翼和双吊舱设计，但尺寸更大。它机长3.6米，翼展36.3米，展弦比15，翼面积87平方米，共装8台发动机，单台功率1.5千瓦，起飞重量315千克，有效载荷67.5千克。它每小时能飞行30千

米，升限为2.4万米，续航时间白天14~15小时，夜间为2~5小时。改进型"探索者+"有许多新特点，不管是在气动特性，还是动力系统上都有所突破。

它采用的翼型也更适合高空飞行，特别是在机翼上面安装了新型的太阳能电池板。这种电池板采用了由加利福尼亚太阳能动力公司研制的新型光学导电体。

采用这种导电体制作的太阳能电池，其能量比在探索者无人机上用的太阳能电池提高了14%，使"探索者+"的能量获取从8千瓦提高到了12.5千瓦。这个能量足可以供两台发动机工作使用。另外，因为它在操纵系统方面也进行了改进，所以在1998年的试飞中，它的飞行高度达到了2.5万米。

"百人队长"太阳能无人机

第三种型号是"百人队长"。这种太阳能无人机尺寸更大，飞得更高，航程也更远。它采用了由五段短形翼组成的大

展弦比机翼，底下有4个吊舱，机翼前安装了14台发动机。其翼展达到了61.8米，是"探索者"翼展的两倍。为了避免飞机在起飞、着陆以及转弯时产生翼尖失速，外段机翼设计了10度左右的上反角。

"百人队长"的4个翼下吊舱可以携更多的有效载荷或设备，它在3万米高度飞行时，有效载荷为50千克，在2.4万米高度时，有效载荷则为600千克。在1998年的试飞中，该机爬升到2.5万米高度的能量是用机载锂铝电池所提供的。后来，无人机专家们才为它装上了太阳能电池板。

"太阳神"太阳能无人机

第四种型号是"太阳神"太阳能无人机，于1999年出厂，可以经常在1.5万米左右的高度上执行任务。它的外形与"百人队长"差不多，不过尺寸达到了创纪录的水平。它的翼展达

75米，不仅比"百人队长"的机翼长13.2米，还比美国最大的两种大型运输机C-5和波音747的翼展大。同时，它的翼下吊舱也由4个增加到了5个。

据设计人员介绍，"太阳神"集中了前面几种太阳能无人机的优点。它的结构全部采用碳纤维复合材料制造。因为碳纤维材料的柔韧性比较好，使机翼在飞行过程中能够保持良好的状态，适应飞机向上或向下的飞行。它的翼盒还用奥美丝、凯芙拉和环氧树脂等材料进行了加强，同时整个飞机外表用一层坚固的塑料胶片加固，机翼前缘内用泡沫填充。

在1999年的夏天，"太阳神"进行了6次小于500米的低空飞行试验。该机共装有14台发动机，但试飞时只有8台可以工作，其余6台只是摆样子的，这主要是为了节约能量。它和"百人队长"一样，最初试飞使用的都是锂铝电池供电，后来才装上太阳能电池。

拓 展 阅 读

由于受到技术水平的限制，机器人的智力水平、反应能力和动作灵活性都还赶不上人类，还不能适应未来高技术战场的需要。为此，军事技术专家们设想把不同类型的军事机器人集中起来，在合成作战系统的统一指挥下，组成变形金刚式的机器人超级战斗群。

太空军事侦察卫星

军用卫星出现于20世纪50年代末，后来在20世纪90年代直接参加了局部战争，它已经发展成为一些国家现代作战指挥系统和战略武器系统的重要组成部分，被誉为现代信息战的军事力量倍增器。

按照用途的不同，军事卫星可以分为侦察卫星、军用通信卫星、军用导航卫星、军用气象卫星、军用测地卫星、预警卫星、截击卫星、反卫星卫星、核爆炸探测卫星，等等。

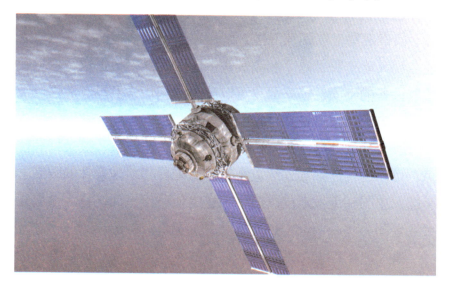

军用卫星的主要发展趋势，是将各类卫星组成一体化的天基信息网，以此提高信息获取能力、传输能力和融合能力，增强生存能力、抗干扰能力和工作寿命等。

超级间谍侦察卫星

侦察卫星又名间谍卫星，就是搜集军事情报的卫星，它既能监视又能窃听，是个名副其实的超级间谍。根据执行任务和侦察设备的不同，侦察卫星可以分为照相侦察卫星、海洋监视卫星、电子侦察卫星和预警卫星等。

侦察卫星具有侦察面积大、范围广、速度快、效果好等优点，可以进行定期或连续监视，不受国界和地理条件的限制。美国、中国和俄罗斯就发射了大量的侦察卫星，被称为世界三大卫星国。

情报种类包含：军事与非军事的设施与活动；自然资源的

分布、运输与使用；气象、海洋、水文等资料的获取；等等。现代领空尚未包含地球周围的轨道空域，利用卫星搜集情报不仅能够避免侵犯领空的纠纷，而且因为操作高度较高，不易受到攻击。

早期侦察卫星最主要的侦查手段是利用可见光波段照相机。随着科技的进步和情报种类的多样化，现在的侦察卫星使用的搜集手段可以大致上区分为主动与被动两大类。

主动手段就是由卫星发出讯号，借由接收反射回来的讯号分析其中代表的意义。譬如说，利用雷达波对地面进行扫描，以获得地形、地物或者是大型人工建筑等的影像。

被动手段就是利用被侦察物体发射出来的某种讯号，然后加以搜集并分析。这种侦察方式是最为常见的一种，包括使用可见光或红外线进行照相、连续影像录制，接收各种雷达与通讯设施的无线电波段使用讯号等。

小卫星进入新阶段

随着科学技术的极速进步，军用小卫星已经进入了实用化阶段。美国、英国、法国、以色列等国就发射了多颗军用微小型卫星，主要用来承担侦察任务。比如，以色列的EROS、Ofeq、TECSAR和英国的TopSat等。

这些小卫星大多运行在距地400至600千米的轨道上，工作寿命一般在4年左右，最长可以达到10年。其侦察设备以可见光相机为主，能够提供1米级别的分辨率。而合成孔径雷达也开始出现在卫星上，旨在实现昼夜全天候侦察任务。

在国外发射的军用微小型卫星中，超过一半来自美国。分析表明，美国发射的小卫星重量是100~500千克、微卫星是10~100千克、纳米卫星是1~10千克、皮卫星是0.1~1千克，其

目的是探索微小型卫星的未来军事应用。

侦察卫星发展史

1959年2月28日，在美国加利福尼亚州范登堡空军基地里，有一枚高大的火箭耸入云端。这是"宇宙神阿金纳A"火箭，它那圆锥形的顶端搭载着人类历史上第一颗间谍卫星。美国谍报部门把这颗间谍卫星称为"发现者1号"。

当倒计时到零时，火箭便呼啸着把"发现者1号"送入了太空轨道。在1960年10月，"宇宙神阿金纳A"火箭又载着另一颗间谍卫星"萨摩斯"升上了蓝天。

"萨摩斯"在太空运行中可以进行大量的录音和录像。比如，"萨摩斯"间谍卫星在苏联和中国的上空轨道上飞行一圈所收集到的情报，比一个最老练、最有见识的间谍花费一年时间所收集的情报还要多上几十倍。

　　苏联也不甘落后，在1962年发射了"宇宙号"间谍卫星，对美国和加拿大进行了高空间谍侦察。截止到1982年底，美国和苏联分别发射了373颗和796颗专职间谍卫星，总数高达1169颗。这一千余名"超级间谍"在几百千米高的太空上，日日夜夜监视着地球的每一个角落。

间谍卫星的应用

　　间谍卫星具有侦察范围广、飞行速度快、遇到的挑衅性攻击较少等优点，苏美两国都对它格外钟情，把它当做超级间谍来使用。一般来说，美国、苏联两家的战略情报有百分之七十以上是通过间谍卫星获得的。

在1973年10月中东战争期间，美国、苏联竟然一起发射卫星来侦察战况。美国间谍卫星"大鸟"拍摄下了埃及二、三军团的接合部没有军队设防的照片，并将此情报迅速通报给以色列。

于是，以色列装甲部队偷渡过苏伊士运河，一下子切断了埃及军的后勤补给线，转劣势为优势。与此同时，苏联总理也带着苏联间谍卫星拍的照片匆匆飞往开罗，劝说埃及军停火。

在1982年马尔维纳斯群岛战争期间，苏联和美国频繁地发射间谍卫星，对南大西洋海面的战局进行密切监视，并分别向英国和阿根廷提供敌方军事情况的卫星照片。可以说，间谍卫

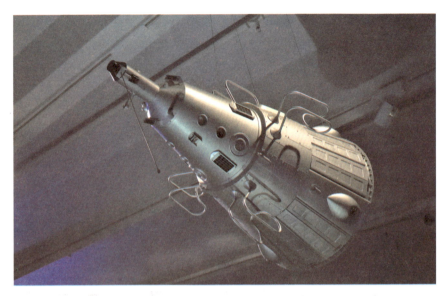

星的数量和发射次数，已经成为国际政治、军事等斗争的"晴雨表"了。

拓 展 阅 读

　　在2010年9月22日，中国在酒泉卫星发射中心用"长征二号丁"运载火箭成功地将"遥感卫星十一号"送入了太空，并同时搭载发射了两颗完全由中国自主研制的"皮星一号A"卫星。"皮星一号A"卫星是中国首颗千克级卫星，重3.5千克，是一个边长为15厘米的立方体。由于体型小巧，整星的正常工作功率仅为3.5瓦。

太空照相侦察卫星

　　照相侦察卫星上使用的照相机有全景照相机、画幅式照相机、多光谱照相机等。其中，全景照相机可以旋转整个相机，其旋转角度达180度，可以用来进行大面积搜索、监视，进行地面目标的普查。画幅式照相机主要用于详查地面目标，把某一个重要目标拍摄到一张分辨率很高的胶片上。

　　多光谱照相机则装有不同的滤光镜，用它对同一目标进行拍照能够得到几张不同的窄光谱照片。由于不同物体具有不同

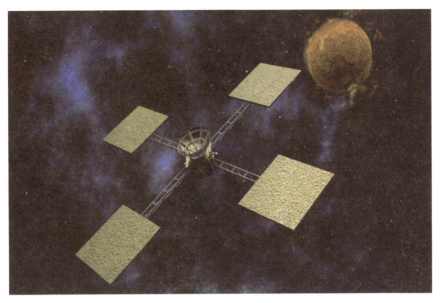

的光谱特性，所以只要用多光谱照相机对伪装的物体进行拍照，就可以揭露它的真面目，识破敌方的诡计了。

"大鸟"照相侦察间谍卫星

"大鸟"照相侦察间谍卫星总长为15.24米，直径为3.05米，重量为13300千克。它从160千米的高空拍摄下来的照片，竟然能够分辨出地面上0.3米大小的物体。也就是说，这能够看清楚是一只狗还是一只猫。

"大鸟"是由美国空军委托洛克希德公司研制，并于1971年发射升空的。它所担任的间谍侦察任务繁多，身兼数职，既对地球表面做普遍侦察，也对重要目标做详查侦察；既要对目标进行照相，又要对各地的电磁波进行监视。

更奇妙的是，这只"大鸟"还常常驮着"小鸟"飞上太空，然后卸下这些"小鸟"，带着它们在外层空间漫游。这就是由大卫星即母星和一两颗小卫星组成的一个"间谍卫星家族"。

"大鸟"有三只明察秋毫的大"眼睛"。一只"眼睛"是一台分辨力极高的详查照相机，可以看清地面上的行人。另一只"眼睛"是一台新型胶卷扫描普查照相机，用来进行地上大面积普查照相。第三只"眼睛"最为神秘，它是一台可以在夜间看见地下导弹发射井的多光谱红外扫描照相机。

"大鸟"以鹰一般的锐眼注视着地球上的一举一动。而且，它拍摄的所有照片，还必须在它飞抵夏威夷群岛上空时弹射出来，并由美国空军回收，然后再进行冲洗和认读。

"锁眼"照相侦察间谍卫星

在1971年，美国发射了一颗"KH-9"间谍卫星。到了1976年底，中央情报局在美国空军范登堡基地又发射了由美国伍

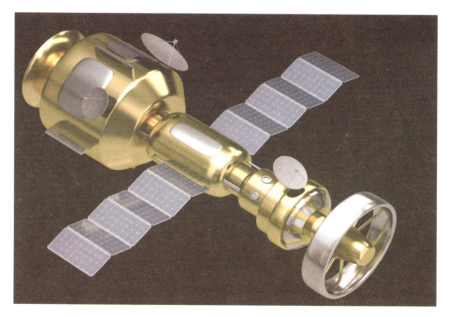

德里奇公司研制的，当时最先进的第五代照相侦察间谍卫星"KH-11"，代号"锁眼"。

这是太空间谍战的一个重大突破。因为"锁眼"属于数字图像传输型的实时照相侦察卫星，它不用胶卷，而是由卫星上的成像遥感器通过扫描方法拍摄地面场景图像，并将这些高品质远距照相电视信号采用数字图像的传输方式传输到地面卫星接收站。

"锁眼"照相侦察间谍卫星的优点是不受胶卷的限制，以及具有诱人的实时性。卫星上的成像系统只要拍摄到目标，地面上卫星接收站的情报人员就能够立即看到了。

最初，苏联军方由于不了解"锁眼"具有发射实时信号照相的能力，有许多军事设施都没有隐蔽起来，甚至连导弹发射井的井口也没有掩盖，所以让美国谍获得了许多高度机密的情

报照片。

照相侦察卫星那些年那些事

1959年，美国的"发现者1号"间谍卫星升空后，前苏联便大大加快了研制间谍卫星的步伐。

1961年4月12日，前苏联首先发射了世界上第一班载人宇宙飞船，揭开了载人航天技术发展的序幕。但是，他们在间谍卫星研制方面还稍稍落后于美国。不过，在1962年3月16日，前苏联第一颗间谍卫星"宇宙-1号"终于飞上了蓝天。

在短短的9个月内，前苏联一口气发射了"宇宙-1号"至"宇宙-12号"总共12颗照相侦察间谍卫星，简直让全世界大吃一惊。"宇宙"系列照相侦察间谍卫星重量在4000~6000千克，分为普查和详查两种，并且都是回收型的，在初期时都是卫星整体回收。

自20世纪80年代起，美国着手制定了一项代号为"靛蓝"，现在已经改称为"长曲棍球"的新卫星系统的研制计划。它能够利用最先进的雷达设备实现全天候侦察，能够利用电脑把雷达讯号提高，变成雷达造影，能够穿透云雾和黑暗，甚至还可能发展出具有穿透建筑物的能力。

在1990年初，美国照相侦察间谍卫星拍摄到利比亚首都的黎波里附近正在兴建一座工厂，并经过分析照片认定这是一座化学武器工厂。但是，利比亚否认了此事，并说这是一家普通的制药厂。

事隔不久，这家工厂被一场无情的大火化为灰烬。利比亚国家元首随后发表声明，谴责美国间谍卫星和纵火间谍的破坏活动。这当然无济于事，因为只有国家整体科技的强大和精神的强大，才可以避免受制于人，让敌人不敢轻举妄动。

拓 展 阅 读

在2014年，美国空军正式批准对先进极高频卫星通信系统进行通信测试。先进极高频卫星也叫第三代军事卫星，其信息传输能力很强，而且体积更小、更耐用，成本也更低。

美国电子侦察卫星

电子侦察卫星介绍

电子侦察卫星主要用于侦察和截收敌方雷达、通信和武器遥测系统所发出的电磁信号，并测定信号源位置的侦察卫星。这种卫星所载电子侦察设备由接收机、天线和终端设备组成，它对侦察到的电磁信号进行预处理后，再发送到地面接收站，以分析各种参数，对信号源进行定位或破译，从中提取有价值

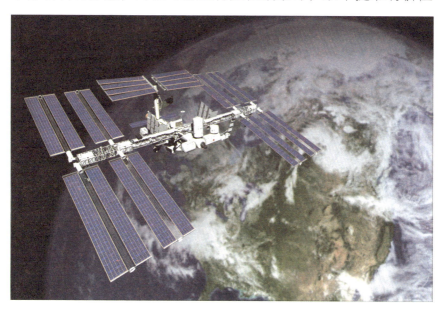

的军事情报。

电子侦察卫星按照侦察对象的不同，可以分为雷达情报侦察卫星和通信情报侦察卫星；按照用途的不同，可以分为普查型电子侦察卫星和详查型电子侦察卫星；按照信号源定位体制的不同，可以分为单星定位制电子侦察卫星和多星定位制电子侦察卫星。

在战争中，电子侦察卫星发挥着极其重要的作用。其主要发展趋势是提高天线灵敏度、提高实时信息处理能力、信息处理从地面向星上转移、提高时间分辨率，等等。为此，世界各个航天大国已经发射了大量的电子侦察卫星。

电子侦察卫星通常运行于300～500千米高空，甚至1000～1400千米的近圆轨道。电子侦察卫星按侦察任务分为雷达侦察型、无线电通信侦察型和弹道导弹试验侦察型三种。

美国电子侦察卫星的发展

从1962年5月至1971年7月，美国发射了17颗详查型电子侦察卫星。这种卫星所载设备较为复杂，重量在1500千克至2000千克。

1963年8月，美国发射了第一颗普查型电子侦察卫星。该卫星重60千克，是作为照相侦察卫星的子卫星发射的。

在进入照相侦察卫星的预定轨道后，电子侦察卫星就从

运载火箭中脱离出来，然后两个星载小型火箭发动机依次点火，将其送入比照相侦察卫星轨道稍高的500千米左右的近圆轨道。

当年，通过普查型和详查型电子侦察卫星，美国基本掌握了苏联和中国的雷达部署情况。在这以后，美国再没有发射过详查型电子侦察卫星，只需要保持有几颗普查型卫星就够用了。

在1968年，美国发射了一颗电子侦察卫星，其轨道高度为1400千米，主要用于侦察苏联陆基反导雷达的测试和反导演练情况。

随着卫星寿命的延长和电子侦察技术的进步，普查型卫星的发射数量也大为减少。20世纪70年代后，美国开始发射多星定位制电子侦察卫星，也先后发射了三代地球同步轨道电子侦察卫星。

　　美国于1973年发射的"流纹岩"电子侦察卫星，主要是为了截获和窃听苏联从普列谢茨克试验发射固体洲际导弹以及从白海试验发射核潜艇导弹的电子信号。

　　"流纹岩"可以同时监听11000次电话或步话机的通话，在澳大利亚和英格兰都设有专门接收"流纹岩"电子侦察卫星传输无线电信号的地面卫星接收站。

　　20世纪80年代以来，美国发射了少量电子侦察卫星，以补充在空间运行中的电子侦察卫星网，保持连续不间断的侦察监视。

　　其实，电子侦察卫星还有一种特殊的跟踪人的本领。只要间谍把一种"显微示踪元素"或"电子药丸"加在特制的食物

和饮料中，并让某个人吃下去。那么，当电子侦察卫星飞到这个人所在的区域时，卫星上的电子和摄影仪器便会对其进行跟踪。无论这个人走到哪里、躲在哪里，都无法完全逃脱。

拓 展 阅 读

2015年，中国航天技术集团502所的研究人员表示，中国将在2020年发射多功能太空机器人。太空机器人可以在太空为空间站和卫星提供维护、燃料补给等一系列服务。

五代电子侦察卫星

前两代电子侦察卫星

随着科学技术不断的进步，地球同步轨道电子侦察卫星经过更新换代，已经发展了五代之多。在1973年，美国发射了第一代地球同步轨道电子侦察卫星"流纹岩"，用于长期监视前苏联和中国的雷达、通信和洲际弹道导弹试验等。

第二代地球同步轨道电子侦察卫星叫做"漩涡"，原来代号为"小屋"，主要专注于通信情报的搜集，也是美国研制

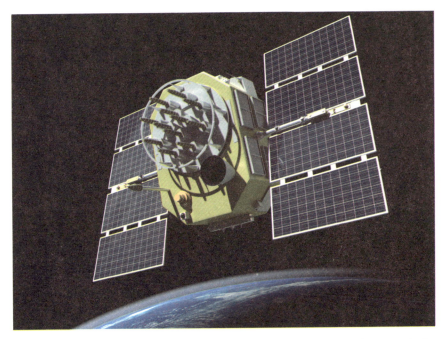

的。"漩涡"卫星一共发射了6颗，其中有2颗还在东经45度和东经115度定点位置上工作。第6颗投入使用的"漩涡"卫星，是在1990年11月15日随"阿特兰蒂斯"号航天飞机进入太空的。

第三代电子侦察卫星

"大酒瓶"卫星是第三代地球同步轨道电子侦察卫星。这种卫星灵敏度极高，足以侦听到欧洲野战部队的无线电话，而且可以对信息发射体进行定位。它的覆盖范围包括前苏联、中东、非洲和整个欧洲地区。

该卫星重量约2700千克，有两部大型抛物面天线，可以截获更多、更微弱的电信号。其中一部用于截获很宽无线电频率范围内的信号，另一部用于将所截获到的信号转发给地面站。

　　"大酒瓶"卫星还能够接收和转发各地秘密间谍和秘密传感器发送的信号。"漩涡"卫星主要用于通信情报的搜集，而"大酒瓶"卫星则把主要注意力集中在遥测和数据通信方面。

　　在1985年1月24日，第一颗"大酒瓶"卫星由美国"发现号"航天飞机发射。一天后，它被施放到了轨道上。而第二颗"大酒瓶"卫星是在1989年11月22日才发射升空的，也是由"发现号"航天飞机执行这项任务。

第三颗"大酒瓶"卫星则是在1990年11月15日随美国"阿特兰蒂斯"号航天飞机升空。在此之后，所有"大酒瓶"卫星都改为由"大力神"运载火箭发射。这些卫星受设在澳大利亚的松峡地面站所控制，并通过该站转发其数据。

第四代电子侦察卫星

第四代电子侦察卫星包括"水星""顾问""命运三女神"和"号角"等。其中"水星"是美国空军的静止轨道电子侦察卫星，采用了长约100米的新型特种天线，主要用于截获通信情报。它不但能侦听到低功率手机的通信信号，还可以收集导弹试验时的遥测、遥控信号，以及雷达信号等通信电子信号。

"顾问"卫星是美国中央情报局的地球静止轨道电子侦察

卫星。该卫星采用大型接收天线用于截获电子情报，可以接收的最小地面信号的强度是低轨道卫星的1/5000。

电子侦察卫星是从低高度向高高度和地球静止轨道发展的，这得益于卫星侦收设备灵敏度的提高。在常年值守的电子侦察装备中，静止轨道电子侦察卫星有较多的优势，其轨道更高，地面覆盖面就更宽，时效性也更好。所以，美国很重视发展这类卫星。

"命运三女神"就是用于侦察雷达等电子设备无线电信号的低轨道电子侦察卫星，它运行在高度454千米、倾角63.4度的圆轨道。在工作时，3颗卫星为一组，组内各星保持约50千米的距离，卫星之间可以相互进行光通信，只用4组卫星就可以完成全球无缝隙监视。

电子侦察卫星日益受到世界各军事大国的青睐，但是也存在不少问题。例如，它无法有效侦听到地下有线通信的信号、情报处理速度较慢、易受电子对抗措施的影响，等等。为此，美国加紧研制了第五代新型电子侦察卫星。

第五代电子侦察卫星

"入侵者"是第五代电子侦察卫星，是美国集成化过顶信号侦察体系的组成部分。该卫星是利用天基网的发展思路和新的设计理念研制的，目的是提高电子侦察质量、降低系统成本。它具有多轨道能力，可以代替静止轨道和大椭圆轨道的卫星，集通信情报和电子侦察能力于一身。

另外，美国还研制了具有一定隐身特征的"徘徊者"静止轨道电子侦察卫星，以及"奥林匹亚"低轨道电子侦察卫星。前者用于侦察、定位战略目标，后者用于海军、安全局等部门的电子侦察一体化计划。

拓 展 阅 读

在2000年2月6日，美国用"绕轨皮卫星自动发射器"发射了国防部高级研究计划局的两颗皮卫星。该发射器是在此前的2000年1月26日与另外10颗卫星一起发射入轨的。这两颗皮卫星每颗质量小于230克，尺寸为10.2cm×7.6cm×2.5cm，彼此通过30米长的细绳连接。

中国量子通讯卫星

2016年8月16日1时40分，中国在酒泉卫星发射中心用"长征二号丁"运载火箭成功地将世界首颗量子通讯卫星"墨子号"发射升空，开启了一次开天辟地的科学旅程。

量子通讯卫星简称"量子卫星"，这完全是由我国自主研发的引领世界科技的先进成果。中国科学家们突破了卫星平台、有效载荷、地面光学收发站等一系列关键技术，将在轨开

展量子密钥分发、广域量子密钥网络、量子纠缠分发、量子隐形传态和星地高速相干激光通信等科学实验。

什么是量子通讯

量子通讯是迄今为止唯一被严格证明为无条件安全的通信方式。这种理论上绝对安全的秘密通讯一旦实现，无论是在军用方面还是民用方面，都将带来翻天覆地的变化。

量子卫星承载着人类探索星地量子通信可能性的使命，并将首次在空间尺度验证已有百年历史的量子理论的真实性。这是一种传输高效的通信卫星，拥有彻底杜绝间谍窃听及破解的保密通信技术，可以抗衡外国的网络攻击，有助于建立一个极其安全的全球通信网络。

量子通讯保密原理

你粘好信封，滴蜡盖上火印，但防不住有人拆开、读完再复原；你想用电磁波传递一个秘密，但"音量"再低，也防不

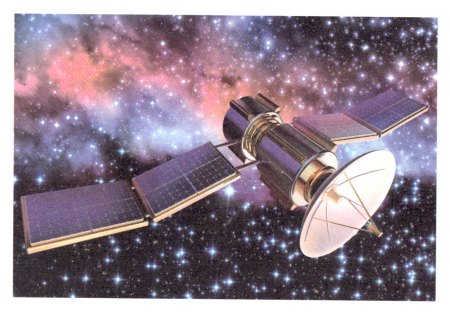

住精细的窃听。最终，你设法将"音量"调低到如此程度：只发射一颗光子，任何间谍去测量都会破坏它，从而被发现。信息微弱到了量子级别，再小心的读取都会彻底改变它，而不可能只改变一点点。中国量子卫星的保密原理就是如此。

传统的信息安全都是依赖于复杂的算法，只要计算能力足够强大，再复杂的保密算法都能够被破解。而量子通信则是革命性的，可以从根本上永久性解决信息安全问题。绝对保密的通信依靠量子纠缠，也就是爱因斯坦说的"幽灵般的超距离作用"来工作，即两颗光子无论相距有多遥远，总是能够产生"心灵感应"，一个发生变化，另一个也会瞬时发生相应改变……

正是由于量子具有这些不同于宏观物理世界的奇妙特性，才构成了量子通信安全的基石。在量子保密通信中，因为量子的不可分割、不可克隆和测不准的特性，所以一旦存在窃听就

必然会被发送者察觉并规避，间谍想要读取一长串光子再原样发送，而不被发觉的可能性为零。

由于量子信号的携带者光子，在外层空间传播时几乎没有损耗。如果能够在技术上实现纠缠光子在穿透整个大气层后仍然存活，并保持其纠缠特性，人类就可以在卫星的帮助下实现全球化的量子通信。

量子通讯技术基础

我国科学家于2003年开始研究自由空间量子通信。他们在实验点制备出成对的纠缠光子，再利用两个专门设计加工的发射望远镜将容易发散的细小光束"增肥"后向东西相距13千米的两个实验站送出，两个接收端用同样型号的望远镜收集。

经过种种努力，在如此远距离的传送中，虽然有许多纠缠光子衰减，但是仍有相当比例的"夫妻对"能够存活下来，并有旺盛的生命力。经过单光子探测器的检测，分居东西两地的光子"夫妻对"即使相距遥远，也仍然够能保持相互纠缠状态，其携带信息的数量和质量完全可以满足基于卫星的全球化量子通信要求。

在这个基础上，科学家们进一步利用分发的纠缠光源进行绝对安全的量子保密通信。2012年8月11日，我国科学家潘建伟等人在国际上首次成功实现百公里量级的自由空间量子隐形传态和纠缠分发，为后来发射全球首颗量子通讯卫星"墨子号"奠定了坚实的技术基础。

量子卫星应用意义

量子科学对绝大多数人来说十分高冷。但是，当它与信息技术相连，便开始与每个人息息相关。当今社会信息海量传播的背后，也充斥着信息泄露的风险，而量子科学则为信息安全

提供了"终极武器"。量子卫星的成功发射和在轨运行，将有助于我国在量子通信技术实用化整体水平上保持和扩大国际领先地位，实现国家信息安全和信息技术水平跨越式提升。这也将有助于我国的现代化军事改革，并有望推动我国在量子科学前沿领域继续取得重大突破，对于空间科学卫星系列的可持续发展具有十分重大的意义。

在不久的将来，我国还将继续发射量子卫星，成为全球第一个实现卫星和地面之间量子通信的国家。按照规划，到2020年，我国将实现亚洲与欧洲的洲际量子密钥分发，届时联接亚洲与欧洲的洲际量子通信网也将建成。

到了2030年左右，我国将力争率先建成全球化的广域量子保密通信网络，在此基础上构建信息充分安全的"量子互联网"，形成完整的量子通信产业链，为祖国的国防事业和人民的信息安全提供极有力的保障！

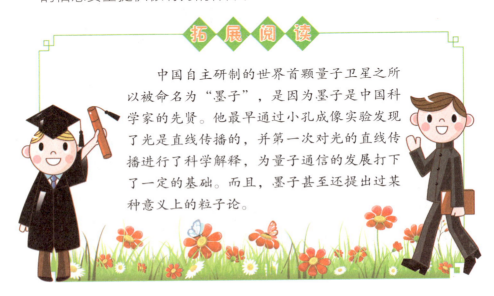

拓 展 阅 读

中国自主研制的世界首颗量子卫星之所以被命名为"墨子"，是因为墨子是中国科学家的先贤。他最早通过小孔成像实验发现了光是直线传播的，并第一次对光的直线传播进行了科学解释，为量子通信的发展打下了一定的基础。而且，墨子甚至还提出过某种意义上的粒子论。

太空定向能武器

定向能武器DEW

定向能武器是在很小立体角内定向传输能量来打击遥远目标的武器，简称DEW。它能够在大气或真空中以很小的立体角传输能量，其传输速度等于光速或接近光速。所以，它能够在瞬间打中远至几千千米外快速运动的目标，将其摧毁或予以识别，并可以再次迅速瞄准。

定向能武器通常包括定向能束源、发射传输系统、目标捕

获跟踪识别和杀伤评估系统等部分。它们可以挫败处在任意发射阶段的弹道导弹，包括发射初期、加速中、飞行中和最后阶段。这是美国、俄罗斯和中国等军事科技较为发达的国家一直大力发展的一类新型武器，而日本对此也非常重视。

定向能武器主要分为两类：一类是常规定向能武器，包括各类激光、高能粒子束武器；另一类是核定向能武器，包括核泵浦X光激光器和尚处于研究阶段的定向电磁脉冲弹、定向等离子体武器。

DEW的研究现状

激光武器、粒子束武器、微波武器在内的定向能武器，分别处于预研、研制以及基本技术和原理方案的探讨阶段，估计将于22世纪初陆续投入战场，并对未来战场的局势产生深远的影响。

可以用做定向能武器的激光器主要有化学激光器、准分子激光器、X光激光器、自由电子激光器和γ射线激光器等。定向能武器部署方式分天基和地基两种。其中，天基部署是指把定向能武器设置于轨道高度为千千米级的卫星或作战平台上。

因为化学激光器、X射线激光器、γ射线激光器具有很高的能量重量比，所以可以用于天基部署。而中性粒子束主要用作目标识别，它只能在120千米以上高空运行，所以只能用于天基部署。另一类如准分子激光器和感应直线加速器型自由电子激光器，它们的能量重量比小，重量和体积很大，所以也只能用于地基部署。

定向能武器技术虽然取得了重大进展，但是仍然存在大量的科学和工程上的难题有待解决。它的关键部件激光器和中性粒子束的一些性能还必须提高十倍到几百倍，尚需较长时间的

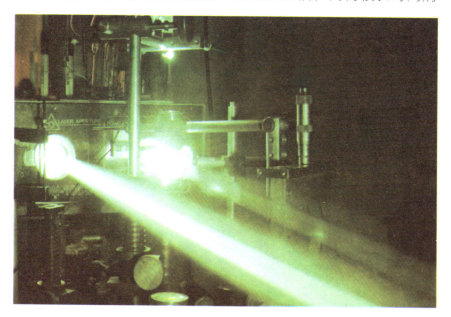

深入研究，才能对它的效能、生存能力和效费比作出比较确切的判断。

战术激光武器

激光武器可以分为反卫星、反天基激光武器、反战略导弹等战略激光武器和用于毁伤光电传感器、飞机及战术导弹等的战术激光武器。战术激光武器主要是由高能激光器、精密瞄准跟踪系统和光速控制发射系统等组成。

大气对激光会产生吸收、散射和湍流效应。大气中的分子和气溶胶使激光束的能量发生衰减，大气湍流会使激光束发生扩展、漂移、抖动和闪烁效应，使激光能量损耗或偏离目标。对于强激光，由于大气吸收了激光束的能量，导致光路加热，

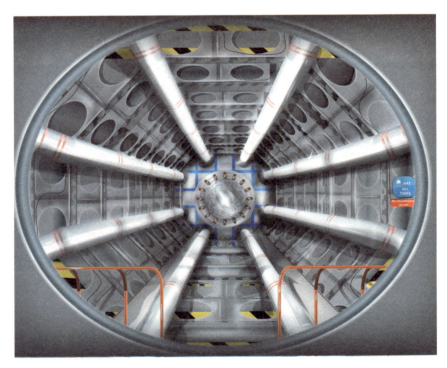

从而改变了大气的折射率分布。这种大气体的激光的"热晕"效应，会使激光束发生漂移、扩展、畸变或弯曲。

大气传输的另一种效应是大气击穿，也就是使大气发生电离。当大气被击穿而产生等离子体时，会严重吸收或阻碍激光束的传输，影响其杀伤破坏威力。

在20世纪90年代，激光致盲武器就已经投入了实战。例如，美国在海湾战争中投入使用了"魟鱼"激光致盲器。不过，大功率的战术激光武器尚处于实验研究阶段，预计真正进入实战应用还要数十年的时间。

粒子束武器

粒子束武器是用高能强流加速器将粒子源产生的电子、质子和离子加速到接近光束，并用磁场把它聚集成密集的束流，直接或去掉电荷后射向目标，靠束流的动能或其他效应使目标失效。除了粒子加速器外，粒子束武器还包括能源、目标识别与跟踪、粒子束瞄准定位和指挥与控制等系统。

其中，粒子加速器是粒子束武器系统的核心，用于产生高能粒子束。为了对付加固目标，要把被加速粒子的能量提高到100MeV，甚至要提高到200MeV，并要求能源在600秒内连续提供100MW的功率，最大流强10KA，脉冲宽高70ns，平均每秒产生5个脉冲。

粒子束武器对目标的破坏能力比激光武器更强，其主要特点是穿透力强、能量集中、脉冲发射率高、能够快速改变发射方向等。据此可以分为两大类：一类是在大气中使用的带电粒子束武器，可以实施直接击穿目标的硬杀伤，也可以实施局部失效的装备发展软杀伤；另一类是在外层空间使用的中性粒子束武器，主要用于拦截助推段导弹，也可以拦截中段或再入段目标。

粒子束武器的主要缺点是：其一是带电粒子在大气层内传输能量损失较大；其二是由于束流扩散，使得在空气中使用的粒子束只能打击近距离目标；其三是地磁场影响而使束流弯曲。

因此，一些发达国家主要进行的是基础研究，

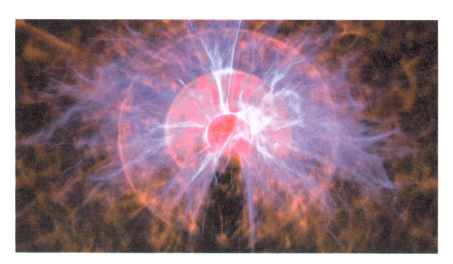

并且立足于空间防御系统。而将它作为战术武器应用，则还需要进行相当长时间的科学探索。

微波武器

微波武器是一种采用强微波发射机、高增益天线和其他配套设备，使发射出来的强大的微波束汇聚在窄波束内，以强大的能量杀伤、破坏目标的定向能武器。其辐射的微波波束能量，要比雷达大几个数量级。

微波武器可以用于杀伤人员，还可以使现代化武器系统中的电子设备及元器件失效或损毁。例如，用弱微波能量干扰相应频段的雷达和通信设备的正常工作，用强微波辐射形成的瞬变电磁场使金属目标表面产生感应电流与电荷，通过天线、导线、各种开口或缝隙进入坦克装甲车辆、导弹、飞机、卫星等武器内部，破坏传感器、电子元器件等敏感元件，使武器系统失去其效能。

还有超强型微波能量，它可以在很短时间内使目标因受高热而导致破坏，甚至能够引爆武器中的炸药等。微波武器与激光束、粒子束武器相比，作用距离更远，受天气影响更小，从而使对方相应对抗措施更加复杂化。

此外，还有中功率的微波能量。只要有合适的高脉冲重复率、频带宽度和脉冲形状，就会得到比现有干扰机高得多的损伤效应。电子干扰机只能起到迷惑、欺骗无线电和雷达的操作手使其无法正常工作的作用，而中功率微波武器的作用是影响电子设备本身，从而使操作人员无法工作。

科学家预测，这种中功率微波武器在21世纪初期可能研制成功，以取代现使用的电子干扰机。不过，微波武器也需要解决这样一些问题：一是对有核防护设施的目标无效；二是使用中对友邻部队可能构成威胁；三是微波武器可能遭受反辐射导弹的攻击。

拓 展 阅 读

微波武器与激光、粒子束武器相比，其波束宽得多，作用距离更远，受气候影响更小。而且只需大致指向目标，不必像激光、粒子束武器那样精确跟踪、瞄准目标，便于火力控制，从而使敌方对抗措施更加困难和复杂化。

太空动能武器

动能武器是能够发射超高速飞行的、具有较高动能的弹头，并能够利用弹头的动能直接撞毁目标的高级武器。所谓超高速，通常是指具备5倍声速以上的速度。由于这种弹头的速度极快，人们把它形象地称为"太空神箭"。

动能武器既可以用于战略反导、反卫星和反航天器，又可以用于战术防空、反坦克和战术反导作战等。比如，电磁炮的射弹速度最大可以达到每秒几十千米，带数枚或数十枚射弹，火力强、拦截面积大、毁伤效果好。

电磁炮介绍

电磁炮是一种利

用电磁力沿导轨发射炮弹的武器。早在19世纪，科学家们就发现，在磁场中的电荷和电流会受到力的作用，他们把这种力叫做"洛仑兹力"即电磁力。

当第一次世界大战正席卷欧洲的时候，法国的科学家们提出了利用洛仑兹力发射炮弹的设想，并进行了开创性研究，但是没能成功。

到第二次世界大战时，德、日等国的科学家又进行了大量秘密的研究，企图利用新式武器取得战场上的胜利，但也以失败告终。二战后，其他国家的科学家虽然都对电磁发射技术表示了极大的兴趣，也进行了一些研究，但也一直未能取得理想进展。

直到20世纪70年代，澳大利亚国立大学的研究人员终于利用建造的第一台电磁发射装置，将3克重的金属块加速到每秒6

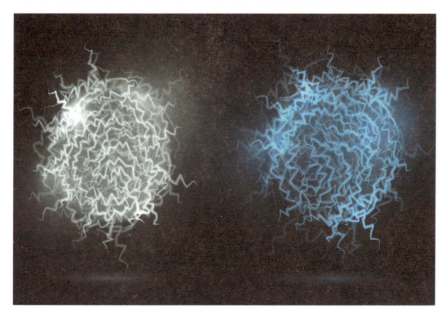

千米的速度，成功地打出了世界上第一颗电磁炮弹，这才引起了世界科学界尤其是各国军方的关注。

电磁炮通常由电源、加速器、开关及能量调节器等组成。

电源：发射电磁炮弹所需要的大量能源，来源于燃料驱动发电机和储能器。先由储能器从发电机获取能量，并把它储存起来，一旦需要发射，能在瞬间向加速器提供巨大的电流脉冲能量。

因此，储能器是电磁炮的动力源泉。所采用的储能器有蓄电池组、磁通压缩装置、单极发电极和补偿型脉冲交流发电机等。其中，单极发电机可能是短期内最有发展前途的能源。

加速器：即把电磁能量转换成炮弹动能，使炮弹达到高速的装置。它有多种结构类型，其中主要有两种。一种是使用低压直流单极发电机供电的轨道炮加速器，另一种叫同轴同步线圈加速器，亦称"大型驱动机"。

开关：犹如火炮的炮闩，是接通电源和加速器的装置，能在几毫秒之内把兆安级电流引进加速器中。常用的一种由两根铜轨和一个可在其中滑动的滑块组合而成。

能量调节器：调节输入加速器的脉冲电流的装置，又称中间级储能感应线圈。其作用是对输入加速器的电流整流，使之适合发射要求的电感量。

此外，电磁炮还包括瞄准装置、目标探测、跟踪和识别系统等。与普通火炮或其他常规武器相比，它具有很多独特的优势。

一是射速快、动能大、射程远和射击精度高。电磁炮的发射速度突破了常规火炮发射速度的极限。弹头具有的动能可达同质量炮弹的几十倍甚至上百倍，一旦瞄准目标，命中概率大，摧毁的可能性高。由于电磁炮是靠其动能毁伤目标的，一些采用抗激光、粒子束防护的装甲和一般加固措施的导弹，虽然能够突破定向能武器的防御，却难逃脱电磁炮的摧毁。

二是射击隐蔽性好。电磁炮射击时，既无炮口焰、雾，也无震耳欲聋的炮声，且不产生有害气体。无论白天还是夜晚，它的射击都很隐蔽，敌方难以发现。

三是射程可调。我们知道，常规火炮的射击范围是通过改变发射角和发射不同弹药来调整的，操纵比较复杂，变化范围有限。而电磁炮只需要调节控制输入加速器的能量即可达到调整目的，简便易行，精确度高。但是尺有所短、寸有所长，电磁炮也存在着炮管使用寿命短、轨道部件易遭损坏和体积庞大等不足。电磁炮以其独特的优势在军事上具有十分广泛的应用，以及不可估量的发展前景。主要表现在：

用于反卫星和反导弹。美国国防部和美国空军联合主持了一项天基动能武器研究计划，名曰"电磁轨道系统"。

当时，安装在模拟空间环境的真空室里的电磁炮，其发射的小型弹头的速度达到每秒8.6千米。第一代电磁炮能够将1000~2000克重的炮弹以每秒5~25千米的速度射向2000千米外的目标，应用于拦截洲际弹道导弹和中低轨道卫星。

用于战术防空，即用电磁炮代替高射炮和防空导弹执行防空任务。美国的战术用电磁炮发射速度可以达到每分钟500

发，射程几十千米。它与舰上防空、反导探测系统相配合，不仅能够打击各种飞机，还能够远距离拦截类似法国"飞鱼"式的导弹。

　　用于反装甲。电磁炮的巨大动能可以穿透坦克的各种装甲。也可用于增大常规火炮射程。例如，在普通火炮炮管口部加装电磁加速器，可以大大提高火炮的射程。此外，随着电磁发射技术的发展，今后的电磁炮不仅能够用来发射炮弹，还可以用来发射无人飞机、载人飞机，发射导弹、卫星和其他航天器等。

动能拦截弹

　　反卫星动能拦截弹，是一种靠弹头的动能击毁敌方卫星的机载空对天导弹。

　　它基本上利用的是现成导弹技术，由推进系统、侦察瞄准制导系统和战斗部等组成。比如，前苏联从1963年开始研制的这种武器，长为4.2米，直径1.8米，由SS-9洲际导弹或其改进型运送入轨。

动能拦截弹的推进系统包括主发动机、轨道发动机和姿态控制发动机，侦察瞄准制导系统可以在111~185千米范围内捕获目标，在9.3~55.6千米范围内锁定目标，并在雷达引导下逼近目标。

这种反卫星拦截弹虽然比较笨重，只能拦截低轨道卫星，而且反应时间长，生存能力与抗干扰能力较差，但是，它能够成为未来世界上具有实战能力的反卫星系统。

而美国从20世纪60年代开始研究核能反卫星动能拦截弹，后来转向发展非核杀伤的反卫星拦截导弹。

这种导弹由三级组成。一、二级为火箭发动机，采用近程攻击导弹火箭和"牵牛星Ⅲ"固体火箭。第三级为战斗部，即弹头，上面装有动能撞击杀伤器、8个红外望远镜、数据处理机、激光陀螺和56个操纵火箭等。它采用惯性加红外制导方式，可以对目标进行自动跟踪。

动能拦截弹虽然具有成本低、机动灵活、命中精度高等优点，但也只能攻击高度在500千米以下的低轨道卫星。例如，美国的kkv动能拦截器就属于此类。

kkv动能拦截器又称陆基拦截导弹，每一枚陆基拦截导弹由两部分部件组成：一个三级助推火箭和外大气层杀伤拦截器。一旦部署完毕，陆基拦截导弹拦截器将放置在地下发射井中，并且与卫星与雷达网络进行连接，持续不断地扫描来自全球范围内的危胁。

如果探测到敌方的导弹来袭，陆基拦截导弹指挥中心将会下达发射命令，指定的陆基拦截导弹自发射井中发射，朝目标预定位置飞去。导弹在飞行过程中可以接受卫星与雷达的信息，随时更新跟踪路线。

大约在撞击前的100秒内，外大气层杀伤拦截器的红外探测器打开，开始跟踪来袭的弹道导弹。为了完全化解导弹威胁，拦截器将会在弹头的"最佳有效点"位置进行撞击。"最佳有效点"就在弹头有效载荷几厘米宽的区域范围内。精确的撞击会将弹头撞成粉末，可以摧毁导弹所携带的任何核剂、化学制剂或生物制剂。

群射火箭

所谓群射火箭，就是一种子弹式旋转稳定的无控火箭。这种火箭主要用于摧毁再入段洲际弹道导弹弹头，它使用了普通钢质壳体和一种较好的高氯酸铵推进剂，飞行速度可以达到每秒1.5千米，拦截范围是1.2千米左右，拦截成功率在85%以上。在美国的研制计划中，它是构成星球大战计划最后一道反导屏障的武器系统。由于它具有重量轻、体积小、便于生产和使用、操作易于实现全自动化等优势，因而必将成为在未来实战中最先投入使用的武器之一。

反卫星卫星

反卫星卫星又称拦截卫星，是一种对敌方有威胁的卫星进行摧毁或使其失效的人造地球卫星。

它当时是前苏联致力于研究、试验的反卫星系统，被认为

可能成为世界上具备反卫星实战能力的第一种太空动能武器。中国对反卫星武器也有很多研究，并且处于世界领先地位。

拦截卫星一般包含跟踪引导系统、飞行控制系统、动力系统、战斗部和星体等部分。

跟踪引导系统包括地面跟踪引导部分和拦截卫星的星体内的跟踪测量部分。其中，星体内的跟踪测量设备用于测量目标运动参数，以确定拦截卫星与目标的相对距离和速度，并将信息传给控制系统，引导卫星遵循一定路线接近目标。

飞行控制系统包括制导和稳定部分。制导部分控制卫星的飞行路线，保证它按选定的攻击路线飞行。稳定部分是一组设置在拦截卫星上的装置，用于保证卫星在空间飞行时不随便转动，能够保持方向和稳定星体。

动力系统是为拦截卫星执行轨道机动等运转任务提供动力，一般采用推力大小和方向可调的发动机或小喷嘴。

战斗部则是杀伤目标的具体执行者，可以是普通战斗部、核战斗部或者其他特殊弹药战斗部，但一般是采用常规战斗部。它的任务是摧毁或破坏目标，任务形式可以是自身爆炸与目标同归于尽，也可以用激光或粒子束武器，以及其他能使目标失效的武器。

反卫星卫星的攻击手段有：椭圆轨道法，即把拦截卫星发射到一条椭圆轨道上，远地点接近目标的轨道高度，多用于拦截高轨道的卫星；圆轨道法，即把拦截卫星的圆轨道与目标卫星的轨道共面，这样便于进行机动变轨去接近攻击目标；急升轨道法，即把拦截卫星发射到一条低轨道上，并在一圈内进行变轨机动，快速拦截目标卫星，使其来不及采取防御措施。

拓 展 阅 读

未来军事机器人的发展趋向于采用第五代计算机，突破模式识别关，即利用计算机或其他装置对战场上的物体、环境、语言、字符等信息模式进行自动识别，使之不仅能一目了然地认清目标的性质、目标之间的相互关系以及目标地理上的精确位置，还能使人和机器之间进行语言交流，使之更加适应战场情况复杂多变的需要。